JN187208

Arctic & Antarctic

北極と南極

生まれたての地球に息づく生命たち

田邊優貴子

はじめに

　この地球上には、わたしたちが暮らす日常の世界とはるか遠くかけ離れた世界がある。夏になると太陽は一日中沈まずに空を回り続け、冬になると太陽は沈んだまま昇ることはない。地球儀の一番上と一番下、「北極と南極」。凍てつくブリザードが吹きすさぶ、この地球上で人間が唯一住み着くことができなかった場所。けれど、本当にそこは、生き物を寄せつけない雪と氷に閉ざされた場所なのか。

　子どもの頃、小学校から家に帰ってきたわたしは偶然つけたテレビに目が釘付けになった。極北の大地を背景に空からゆらゆらと降りてきたオーロラ、鏡のような海に落ち込んだ青白い氷河、そこを悠然と舞うハクトウワシ、ツンドラの大地を闊歩するカリブーやムース、ブルーベリーを頬張るグリズリー。子どもながらに自分の世界が大きく広がったような気がした。

　2007年、28歳のとき初めて南極を訪れた。極北の自然に心惹かれたあのときの小さなわたしは、いつしか、南極や北極を舞台にした生物の生態学者となり、これまで南極に5回、北極に3回、調査で足を踏み入れた。それまで抱いていたイメージと違って、そこは決して、生命のいない白い大地ではなかった。

　7月のはじめ、北極の大地には遅い春がやってくる。急峻な山々に抱かれたいくつもの氷河の前に横たわるツンドラの大地から鼻をかすめる土の匂い。コケや地衣類でできたフカフカのカーペットの上には、白・

黄・ピンク色をした可憐な花畑が一面に広がる。それを食むトナカイやグースの親子、忙しそうに空を飛び回るキョクアジサシ。生き物たちは短い夏に煌めき、生命の息づかいが溢れ返っていた。

自分の鼓動ばかりが聞こえるほどの静寂の中、宇宙まで突き抜けてしまいそうな透明な空に雪のように真っ白なユキドリが舞う。どこまでも透き通るような水をたたえた宝石のような無数の湖には、湖底一面に不思議で神秘的な生き物の世界が広がる。圧倒的な広がりを持つ青と白の世界を悠々と行進するペンギンの群れ。南極は「今まさにわたしは地球にいる。」ということをはっきりと教えてくれた。

「誰も見たことのない世界に行って、誰も知らないことを知りたい。この目で、この足で、この肌で、この頭で。」

そんな思いに突き動かされ、そして今でも変わらずに、この思いが北極や南極という場所にわたしを向かわせている。
わたしが北極と南極で出会った自然と生き物たちの世界へ……
さあ、一緒に旅に出よう。

2015年4月　　田邊優貴子

もくじ

北極と南極って？

北極という単語から、まず最初に北極点を思い浮かべるかもしれない。その北極点は、地球の地軸と地表が交わる北側の点と思う人もいれば、方位磁石が指し示す北（N極）を思う人もいるだろう。前者は地図上の北緯90度に当たる場所で、後者は北極点というよりは北“磁極”と言われる。

実は、方位磁石が指す北は必ずしも真北ではなく、北極点に近づくほどに真北からはどんどんズレていく。さらに、磁極は時とともに動き、とどまることがない。2015年現在、北磁極は北極点から約420km離れている。2010年には約1000kmも離れたカナダ最北のエルズミヤ島の西側の海にあった。ちなみに私が生まれた1978年にはなんと約1500kmも北極点から離れ、カナダの北極諸島の上に北磁極があった。こうやって見てみると磁極はなかなかのスピードで動いていることが分かる。

北極点に近づけば近づくほど、方位磁石が指す北（N極）は本当の北向きから大きくズレていく。もちろん南極でも同様。

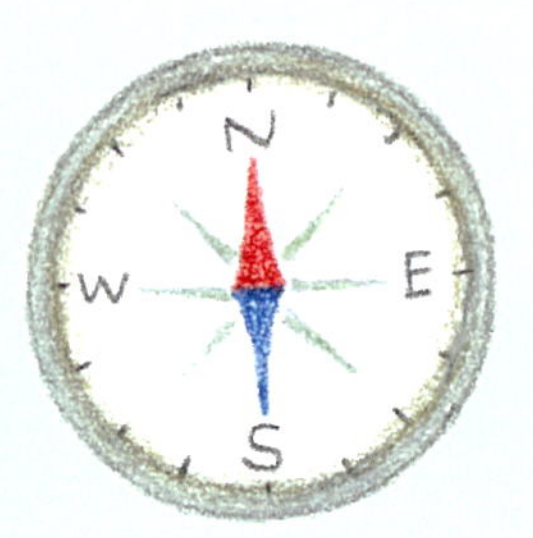

さて、この北極点とか北磁極も北極なのだが、北極といえばそれよりもむしろ“北極圏”を指すことが多い。北極圏は、北緯66度33分よりも北側の、北極点を中心にした円に囲まれたエリアだ。夏には太陽の沈まない白夜、冬には太陽が昇らない極夜がある。

そんな北極圏だが、そのほとんどは海ばかりで、北極点も北極海の真っ只中にある。とは言え、海と言っても北極点周辺の海は普段わたしたちが目にするようなザブンザブンと波立つ海ではなく、白い氷に閉ざされている。海に張る氷は厚いところで2〜3mくらい。一年中凍っている場所もあれば、冬の間だけ氷

南極大陸は地球上にある六大陸のうちの一つ。南極と言えば、南極点よりもまず“大陸”という言葉を思い浮かべる人が多いのではないだろうか。普段わたしたちの日常生活で見聞きする五大陸（ユーラシア大陸、アフリカ大陸、北アメリカ大陸、南アメリカ大陸、オーストラリア大陸）と比べると、一番馴染みのない大陸だろう。

ちなみに、地軸と地表が交わる南極点と方位磁石が指し示す南（南磁極）は2015年現在2850kmほど離れている。南磁極は1970年頃までは南極大陸上にあったが、その後、どんどん南極点から遠くに離れ続け、今では北極と同じく海の上にある。そんなわけで、高緯度、つまり南になればなるほど方位磁石が示す方向と実際の方位との間には大きなズレが生じる。そのため、昭和基地周辺に行って活動する時に、方位磁石が指す方位を鵜呑みにして移動すると大変なことになる。本当の北は、方位磁石が教えてくれる北よりも西に49度もずれていて、常にそれを意識して動かなければいけない。例えると、自分の家の真北にある友達の家に向かって歩いているつもりが、いつのまにか北西にある立ち入ってはならない深い森へ迷い込んでしまう、というような恐ろしい事態になるのだ……。

南極大陸というだけあって、南極点とその周辺は大陸になっている。北極圏と同じく南極圏も白夜と極夜のある南緯66度33分以南のエリアのことを言うのだが、南極点を中心に多くは陸地なのだ。これが北極との一番の違いと言えるだろう。そしてこの地理的な違いだけでなく、もう一つ、北極と南極とでは大きな違いがある。南極はどこの国にも属していないことと、人類の歴史上、人間が定着して住み着いたことがないということだ。

1959年までは、いくつかの国が自分の領土であると強く主張していたこともあった。ところが、そのとき南極条約というものが締結

の場所もある。そんな北極圏の中にも、数少ないものの陸地が存在し、8つの国が含まれている。カナダ、アメリカ、ロシア、フィンランド、スウェーデン、ノルウェー、アイスランド、デンマークだ。デンマークだけがピンとこないかもしれないが、デンマークというよりはグリーンランドと言ったほうが分かりやすいだろう。それらの国は北極海にポツンと浮かぶ島だったり、大陸と地続きの国だったりする。さらに、北極圏の陸地のほとんどはこれまでに人間が住み着いたことがあり、今もなお普通に人間が生活を営んでいる場所でもある。

白い部分が陸地で、水色の部分が海。北極圏はほとんどが海で、北磁極は北極点から約420km離れ(2015年現在)、今もなお刻一刻と移動している。

北磁極

North pole

Arctic

され、それ以来、どこの国も「自国の領土である」と主張してはいけないことになった。そんなわけもあり、南極は地球で唯一どこの国でもない大陸なのだ。

　ちなみに、領土を主張していたのは、南極に近い国であるチリ、アルゼンチン、オーストラリア、ニュージーランド、今から100年以上も前に南極点到達合戦をしたイギリス、ノルウェーの他、フランスといった面々だ。

南極圏の中心部は広大な南極大陸。日本の約33倍もの面積がある。南磁極は南極点からなんと約2850kmも離れた地点にある（2015年現在）。

South pole

南磁極

Antarctic

北極と言ってもなかなか広く、ただ単純に伝えるのは難しいのだが、いくつかの場所を例にとって見てみよう。北緯69度に位置するノルウェーのトロムソの年間平均気温は3.0℃、平均最高気温は5.1℃、一日の平均最低気温は0.1℃、年平均降水量は86㎜だ。北緯79度スヴァールバル諸島のニーオルスンの年平均気温は–6.2℃、平均降水量は300㎜。北極点の年平均気温は–6.2℃（2009年の平均値）。

北半球で過去に記録した最低気温は–71.2℃で、場所は北極圏からわずか南に位置するオイミャコンというシベリアの村だ。ちなみに、東京は平均気温が15.4℃で平均降水量1529㎜、札幌は平均気温8.9℃で平均降水量1107㎜。これと比べてみてもトロムソなんかは想像よりも暖かい？ なんて感じるかもしれない。実は、北極海には、メキシコからヨーロッパを通る北大西洋海流と呼ばれる暖流が流れ込んでいて、その暖流のおかげもあり、北極は意外と気温が高いのだ。

北極海に張る海氷の厚さは通常２～３mで、その面積は500万～1600万㎢くらいある。もちろん厚さや面積は季節によって変化するの

北極海の断面図（イメージ）：北極圏のほとんどを覆うのは海氷で、その厚さは２～３m

気候と氷のはなし

南極の中で、昭和基地はトロムソと同じ南緯69度に位置する。その平均気温は–10.2℃、平均最高気温は–7.3℃、平均最低気温は–13.5℃、平均降水量は0㎜。北極のニーオルスンと同じくらいの緯度である、南緯77度のドームふじ基地の平均気温は–54.4℃、平均降水量は0㎜。南極点の平均気温は–49.5℃、平均最高気温は–46.3℃、平均最低気温は–52.0℃、平均降水量は0㎜。南極で過去に記録した最低気温は–89.2℃で、場所は南極大陸の内陸にあるボストーク基地だ。こうやって見てみると、不思議な点が見えてくる。北極の同じ緯度の地点よりも、南極のほうがずいぶん寒い。

昭和基地は同緯度にあるトロムソよりもはるかに気温が低いし、それよりも10度も高緯度にあるニーオルスンと比べてもまだ気温が低い、そのうえ降水量も少ない。

さらに平均気温と平均降水量だけを見てみると、南極大陸は地球上のどこよりも、なんと火星に近い。そう、南極は単に寒いだけでなく、とても乾燥した場所なのだ。これこそが人類の歴史上、地球で唯一住み着くことが出来なかった大陸である所以だ。

南極大陸の周りをぐるっと囲む南極海には、大陸から張り出すように海が凍っていて、定着氷と呼ばれる一年中消えることのない氷が張るエリアと、季節氷と呼ばれる夏になると解けてなくなる氷が浮かぶエリアがある。氷が張っている面積は300万～2000万㎢ほどで、定着氷の厚さは２～６m、厚い場所ではその上に約５mもの厚さの雪が覆い被さる。合わせると10m近く、これは3階建て一般住宅の屋根の高さに相当する。海ではなく陸地にも目を向けると、南極大陸のほとんどは分厚い氷河に覆われている。南極大陸は日本の約33倍の面積があるが、そんな広大な大陸の約98％は氷で覆われている。氷河の厚さは最大で4000mにも達し、富士山がすっぽりと隠

だが、日本の面積が約38万km²、アメリカ合衆国が940万km²なので、いかに海氷が広大か分かるだろう。それから海だけでなく、陸地にも氷河と呼ばれるたくさんの氷がある。北極の中でもとりわけ、グリーンランドは分厚くて大きな氷河に覆われている。その氷河の厚さは最大で3000mにも達する。

海氷は、海が凍ってできあがったものと想像がつくかもしれないが、では、氷河はどうやってできあがるのだろうか？ 氷河は決して最初から氷だったわけではない。もともとは雪から始まる。山の上に雪が降り積もって、それが雪の重みで徐々に圧縮されて氷に変わっていく。その氷は山の上から低いほうへと絶えず河のように流れていく。これが氷河だ。氷河は、雪が降って氷に変わり、海に氷山として流れ出るまでに数千年から数十万年かかると言われている。海に出た氷山はまた長い時間をかけて徐々に解けて水となり、海へと戻る。その海の水はいずれ蒸発して雲をつくり、雪となって再び地上に降る。

雪、氷、水、雲、そしてまた雪。長い長い、姿を変えた水の旅だ。

れてしまうくらいとてつもなく分厚い。そのため、南極大陸を覆う氷河は“氷床”という呼び方をされる。氷床は地球上で南極とグリーンランドの2つだけの特別な呼び名である。

地球は水の惑星と言われるけれど、その水のほとんどは海水で約97.5%を占める。残りのたった2.5%が淡水ということになるが、その淡水の約70%がこの南極大陸氷床だ。そう考えてみると、南極の氷床の巨大さがよく分かるし、その一方で、世の液体状態の淡水がなんと貴重なものなのか（地球の水の約0.8%）身にしみてよくわかる。

南極大陸の断面図（イメージ）：南極圏のほとんどを覆うのは大陸氷床でその厚さは最大4000m

どっちが寒いの？

夏の快晴の日、白い服を着た人を見ると目がくらむように眩しく感じることがあるだろう。これは太陽の光を反射しているからだ。同じように真っ白い氷と雪は、まるで反射板のように太陽の光を跳ね返す。つまり、太陽のエネルギーを吸収しないということだ。おかげで、氷で覆われた北極と南極ではこの冷たい氷でどんどん空気が冷やされる。けれど、かたや暖流が流れ、薄い海氷の下には液体の暖かい海が覆う北極と、海氷だけでなく、大陸があってその上を分厚い氷床が覆う南極。北極より巨大な氷がある南極のほうがより空気が冷やされる上に、標高がほぼ海水面と変わらない北極と比べて全体的に標高が高い南極のほうがどうしても寒くなってしまうのだ。

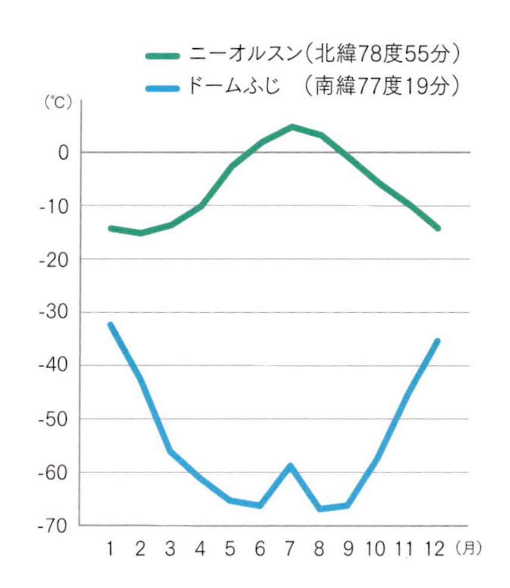

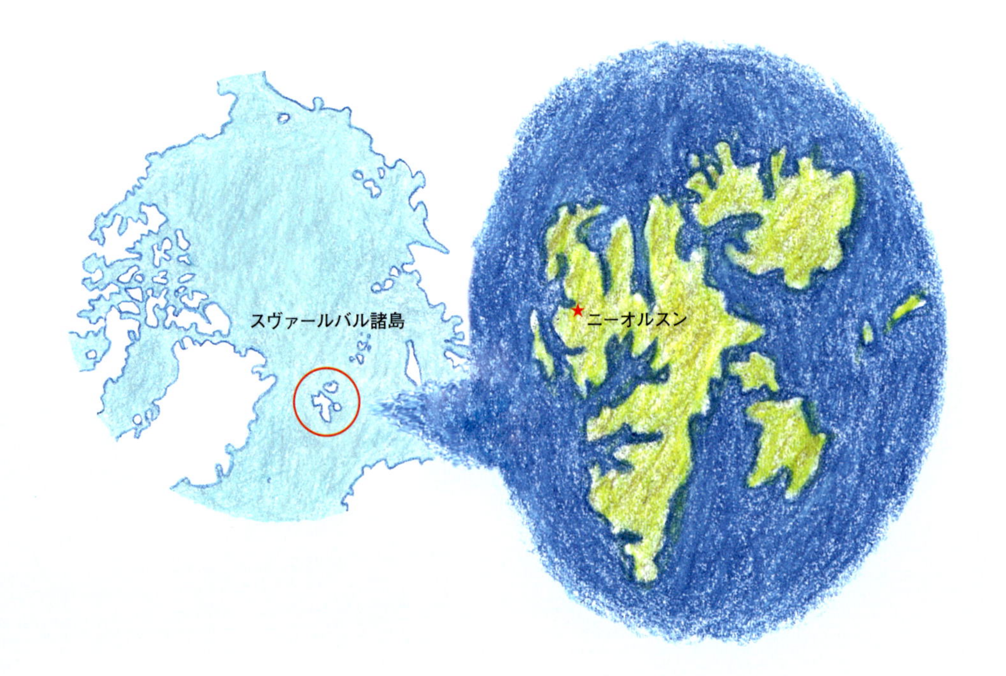

北極圏にトロムソというノルウェーの北端に位置する町がある。そのトロムソからさらに北に約1000km、北極海に浮かぶ孤島「スヴァールバル諸島」。ここはノルウェー領になっているのだが、ノルウェーからは独立した行政となっていて、ノルウェー人の町だけでなく、ロシア人の住む町もある。面積は約6万km²なので、北海道より少し小さいくらいのサイズと言えば想像がつきやすいだろう。

スヴァールバル諸島はいくつかの島に分かれていて、その中でも一番大きな島がスピッツベルゲン島である。そこにニーオルスンと

わたしの調査地

南極は「大陸性南極」と「海洋性南極」に大きく分けられる。大陸から南米の先端に向かって細長く突き出ているのが南極半島で、この南極半島エリアが海洋性南極。それ以外のエリアが大陸性南極だ。海洋性南極は、文字通り海洋性気候で、最低気温と最高気温の差が小さく、降水量が多い。その上、南極半島は南極の中でも低緯度に位置するため、比較的暖かい。大陸性南極のエリアは、夏冬や昼夜の気温差が大きく、南極半島と比べると気温がとても低い。

日本の観測基地である昭和基地は大陸性南極に位置し、リュッツォホルム湾の東オングル島という小さな島の上にある。昭和基地は大小60以上の建物からなり、中心となっているのが3階建ての管理棟とそこにつながる居住棟。その他に生物、地学、宙空、大気、気象の研究観測施設が立ち並び、郵便局もあり、インターネットや電話も使える。郵便局の名前はなんと、銀座郵便局「昭和基地分室」。さらに電話は国立極地研究所と内線でつながる。

日本の南極観測隊は毎年11月末に日本を出発し、オーストリアのフリーマントル港から南極観測船「しらせ」に乗り込んで、12月中下旬に南極大陸入りする。観測隊員は約60名、夏隊30～40名と越冬隊20～30名に分かれ

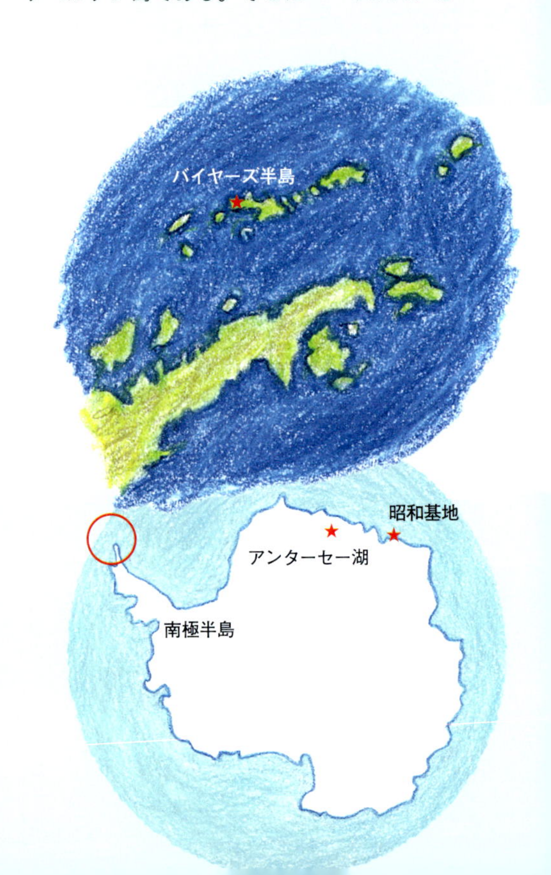

いう名の村があり、世界各国の観測基地が建てられ、北極の科学研究の一大拠点になっている。ニーオルスンは北緯78度55分・東経11度56分にあり、夏は100人を超える科学者や大学院生が世界のさまざまな国から集まってきて、とても賑やかになる。そこがわたしのいつもの調査地だ。

スヴァールバル諸島は約6割が氷河で覆われており、陸地に占める植生の面積は約7%だけ。あとは永久凍土で覆われている。この島の陸地の約40%が標高300m以下の低地になっている。島の中で最も標高が高い地点が1713mのニュートン山。この場所が全体的にそれほど高くないことが想像つくだろう。

ニーオルスンの国際観測村はノルウェーの「Kings Bay」という企業が管理運営している。郵便局や週に2回だけ開店する売店、食堂、ホテルがあり、電話やインターネットもできる。日本の基地は1991年に国立極地研究所が設置しており、一年を通してさまざまな観測や調査が行われている。と言ってもその時に新しく基地を建てたわけではなく、その昔ニーオルスンがまだ炭坑の村だった頃に建てられた古い平屋を使っているのだが。

わたしはニーオルスンにいつも7月上旬から8月上旬くらいにかけて調査に入る。わたしだけでなく、生物の研究者のほとんどは、こういう夏の時期に調査をすることになる。

けれど、こうやってスヴァールバル諸島で調査をしていてよく思うことがある。広大な北極の中で見てみれば、スヴァールバル諸島はただの小さな点に過ぎない、ということだ。そんなわけで、これからはスヴァールバル諸島だけでなく、カナダ北極や他の北極エリアでも調査をしていかなければ、なんてことを近頃はよく考えている。

Arctic

ている。夏隊は2月中旬に昭和基地を離れ、シドニーを経由して3月中下旬には日本に帰国する。全体を通して4ヶ月の旅となる。それに比べて越冬隊が帰国するのはその翌年の3月……。全体で1年4ヶ月の長い旅になる。

夏の期間、わたしは昭和基地にほぼ滞在しないで、昭和基地から数十km〜100km離れた南極大陸上に滞在して野外調査をしている。小屋で寝泊まりするところもあれば、テントで生活するところもある。ただ、どちらもトイレも風呂もシャワーもない点は同じだ。とにかくそれらをベースにして、わたしはさまざまな湖の調査に日々明け暮れる。

これまでに他のエリアにも調査に行った。昭和基地から西に約1000km離れた、ロシアのノボラザレフスカヤ基地から130kmくらい内陸にGruber山地という氷床で覆われていない山岳地帯がある。その山岳地帯に抱かれたアンターセー湖の調査のために国際共同調査隊に参加した。ノボラザレフスカヤ基地までは南アフリカのケープタウンから飛行機を使う。そのあと、内陸の調査地まではスノーモービルと雪上車かトヨタのピックアップ型自動車で移動する。小屋などないので、調査中はずっとテント生活となる。内陸山岳地帯は、沿岸の昭和基地よりも格段に気温が低い。

昭和基地とアンターセー湖のような大陸性南極とは大きく異なる南極半島エリアにも調査に行った。南極半島の先端、ドレーク海峡に浮かぶサウスシェトランド諸島は基地銀座と呼ばれるほどに世界各国の基地が建てられている。サウスシェトランド諸島は、昭和基地から直線距離で実に4100km以上も離れている。わたしは、サウスシェトランド諸島のうちの一つであるリビングストン島に基地を持つスペイン隊に参加して、島の西側にあるバイヤーズ半島というエリアで湖沼群を調査した。ここには食事用と研究用の小屋が2つあるが、寝泊まりするのはやはりテントである。

Antarctic

北極の陸地を飛行機に乗って上空から見ると、氷河と雪を抱いた山々が突き出ている。氷河に覆われていない部分は黒っぽい茶色に見え、北極の島々を取り巻く海はミルキーブルーで、ところどころが赤茶色。氷河は流れるときに陸地を削るので、細かい粘土質の粒が海に流れ込みミルキーブルーになるのだ。さらに夏には氷河や雪が急激に解け、川となって大地をうねり、砂や土を海に運び出すので河口の辺りは赤茶けた水をしている。黒っぽい陸地は一見すると生き物の気配を感じないけれど、実際に陸地に降り立ってみると、地面は緑色のコケと地衣類と草木でフカフカのカーペットのようになっている。みな、足首ほどの背丈しかない小さな植物たちだ。

植物たちは雪解け時期になると、雪の下で葉を小さく開いた状態で待ち構え、雪が消えるやいなやぐんぐん成長する。永久凍土の表面がこの春から夏にかけての時期に解け、白、黄、ピンク、紫、青というように色とりどりの小さくて可憐な花を一面に咲かせる。これが北極に広がる典型的な夏の「ツンドラ」の風景だ。

ツンドラで暮らすトナカイやカオジロガンやケワタガモなどは、この小さな植物が生い茂っている時期に、せっせとそれらを食べる。植物を食べることはないけれど、キョクアジサシやホッキョクギツネもツンドラの中で暮らしている。キョクアジサシは海で魚を獲り、ホッキョクギツネは鳥の卵やヒナ、レミングや魚なんかも食べる。北極のツンドラでは雪が解けて消えるのが6月下旬から7月上旬、8月中旬にもなるともう雪が降り始める。この頃になると、青々としていた植物たちはすっかり黄葉し、次の春に備えて落葉していく。北極の春から夏の期間はたったの1ヶ月半しかないのだ。このとても短い期間だけが生き物たちでワイワイ賑やかになる。

極地の陸上生態系

南極海。船から見えるのは360度どこを見渡しても氷に閉ざされた世界。時折、ペンギンやアザラシが氷の上に現れ、氷の割れ目からはクジラが呼吸をしに現れる。いつまでもどこまでもこんな真っ白な光景が続くんじゃないだろうか……。

船からヘリコプターで上空に飛び立ってしばらくすると、白と青の広大な風景の中にこげ茶色が見えてくる。それが南極大陸の氷床に覆われていない陸地「露岩域」だ。地図で見た通り南極には本当に大陸が存在する、と実感する瞬間だ。露岩域に降り立つと、信じられないくらい真っ青な空と赤茶けた荒々しい岩肌が広がっている。行ったことなんかないのに、火星にでもやって来たかのような光景だ。なんの音も聞こえない、なんの匂いもしない。真夏、雪と氷河が解けた水で少ないながらも流れる沢や水たまりが露岩域にポツリポツリとできあがる。そこは黒い色をしていて、岩の表面にはところどころ黒やオレンジや黄や白い色がついている。水たまりの底の黒い色の正体は「シアノバクテリア」と呼ばれる光合成をする微生物、岩の着色は「地衣類」という藻類と菌類が共生した生き物だ。水ぎわにはコケがモコモコと鮮やかな緑色のかたまりを作っている。普段“緑”という色を特別に感じることはないけれど、南極では滅多にお目にかかれないとても珍しい色なのだ。草木のような高等植物は南極にほとんど生えていない。わずか2種類だけが、暖かい南極半島エリアに自生しているのみである。春から夏の間、露岩域にはペンギンやユキドリが子育てにやってくる。雪や氷が解けて水が流れるのが12月中下旬から1月下旬、2月に入ると気温が急激に低下し水はまた氷に戻っていく。つかの間の夏が終わると、ペンギンもユキドリも暖かい北の地へ向かうため、陸地からいなくなる。植物たちは生命活動を休止して、その場でじっと次の春が来るのを待つ。

生き物と生態系の関係

極地の「生き物」と言われると、ホッキョクグマやクジラなど大きな動物を思い浮かべられる人が多いだろう。でも「生態系」と言われると、なかなかピンとこないかもしれない。そもそも生態系って、何なのだろうか。

わたしたちが暮らす周りには、森があったり、草原があったり、そこに流れる川もあれば、水たまりがあったりもする。さらに陸地は海に囲まれている。こういう森・海・川など、あるまとまりを持った自然環境と、そこに暮らす全ての生き物たちをまるっと含めた空間のことを生態系と言う。なんだかとても概念的ではっきりとしないと感じるかもしれない。その上現実の世界では、森は川につながっていたり、川は海につながっていたりする。森は森、川は川、海は海、というふうにそれぞれがはっきりと分離されない。なので、なんとなくひとまとまりにできる空間を一つの生態系として見なすこともあれば、それと他の生態系とが互いに混じり合うこともある。すべてのものをひっくるめて地球を一つの生態系と見なすこともある。そんなわけで、生態系というものは「どういうスケールの視点を持つか」によって、考えるサイズが大きく違ってくる。

極地の陸地にある生態系は、わたしたちが生活しているような暖かい地域と比べると、一つのまとまりとして捉えやすい。まず、北極・南極ともに、極地そのものが地球上でそれなりに地理的に分離された場所にあること。さらに、気候や海流や氷などの障壁によって物理的に分断されていることが多い。そんな閉ざされた世界の中では、生き物が生息する場所が限られ、生態系を構成する生き物の種類が少ない。

そんなわけで、極地には極地にしかない生態系が広がっているのだ。

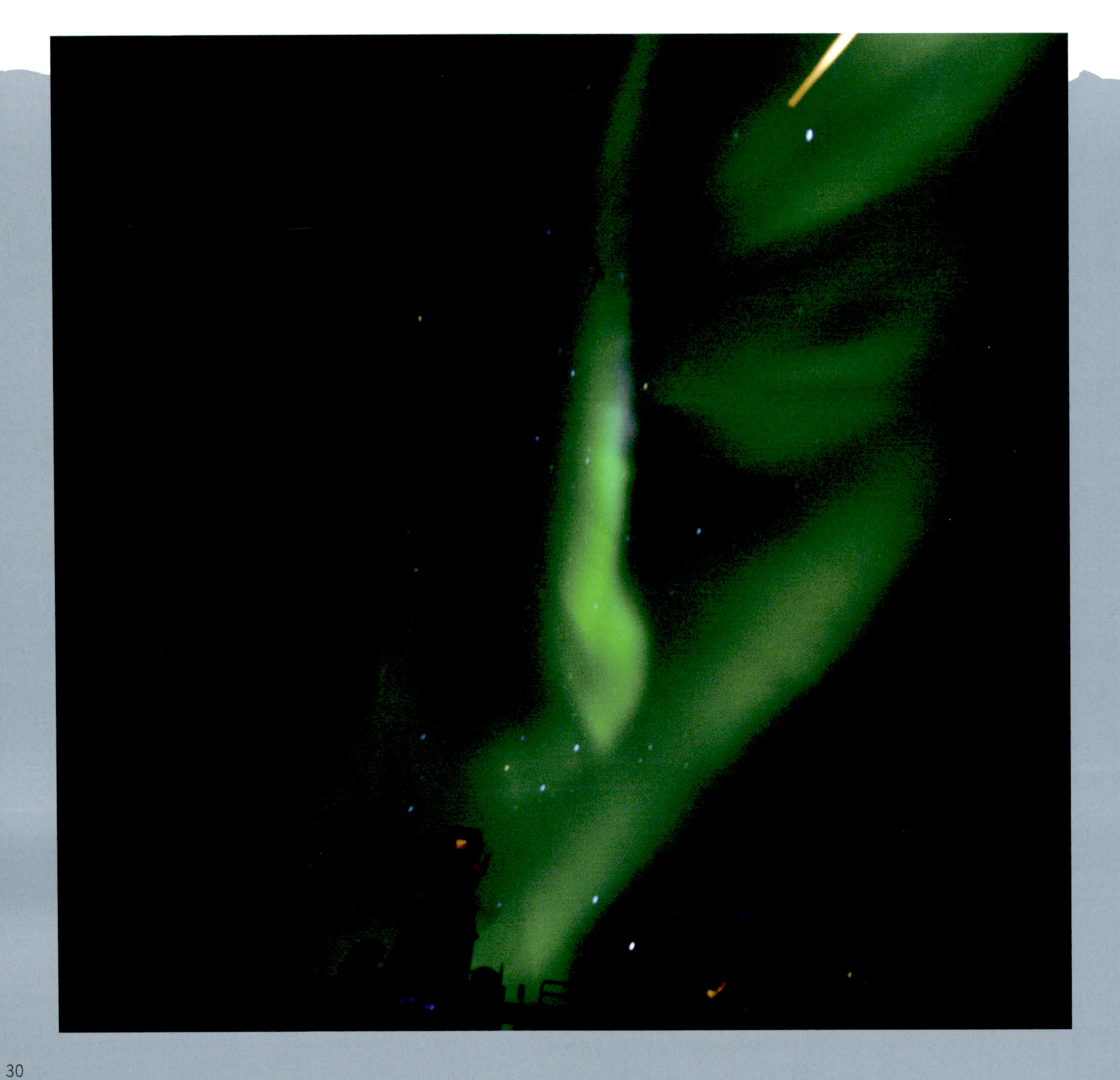

オーローラ

北極と南極と聞けば誰しもが思い浮かべる神秘的な現象がある。夜空を不思議な色と動きで舞い踊るオーロラだ。黄緑、ピンク、赤、青。カーテン状だったり、放射状だったり、筋状だったり。暗くて天気がよければ必ず見られるというわけでもない気まぐれさがますます人を魅了するのかもしれない。オーロラができあがるのには、太陽活動が関係している。太陽は時々、太陽風と呼ばれる電子（とイオン）でできたガスを放出する。地球は知っての通り北極がN極、南極がS極というように巨大な磁石の塊のようになっていて、磁場に包まれている。太陽風はこの磁場によって地球上のほとんどの場所には入ることができず、磁極に吸い込まれるようにN極とS極の極地にだけ運ばれていく。極地に運ばれた太陽風は、地面に近づいていき、大気中にある原子に衝突してオーロラができるのだ。では、どうしてさまざまな色になるのか？

オーロラは地面から100～500kmの高さに現れる。この高さの大気は主に窒素と酸素でできているのだが、高さによってそれぞれの密度が異なっている。高さ約100kmの辺りには窒素、約100～250kmの高さには酸素、約250～500kmの高さにはさらに高密度の酸素。太陽風のエネルギーが大きいほど、高度が低いところまで侵入してくるため、その時々で太陽風と大気中の原子とがぶつかる高さが違ってくる。そして、窒素とぶつかるとピンク色や青紫色、酸素とぶつかると黄緑色、高密度の酸素とぶつかると赤色、といった具合になるのだ。

ところでオーロラは北極圏と南極圏だけで見られる現象というわけではない。そこまで高緯度に行かなくとも、もう少し低緯度でも見ることができる。と言っても、過去に北海道でも見られたというような報告も確かにあるのが、さすがにそこまで低緯度ではほぼ期待は出来ないし、そんなに美しくはない。オーロラ帯というものがあって、その近くであるほどオーロラは現れやすい。そしてそのオーロラ帯は決して極点を中心にした円ではないので、緯度60度くらいのエリアで、十分美しいオーロラを目にすることができるのだ。ちょっとオーロラを見に旅行に出かけてみてはいかがだろうか。

オーロラの発光する高さと色

Arctic

いくつもの切り立った山々が連なり、ここに森はない。山から海へ舌のように伸びる氷河は、時折轟音とともに崩れ落ちる。
夏の太陽で雪が解けると、北極の大地はフカフカのカーペットのようなツンドラが顔を出す。
雪解けのあとにできた水溜まりはキラキラと輝き、南からやってきた渡り鳥たちがゆったりと佇む。

北極に広がるお花畑

上空から見た北極の大地。氷河で削られた山々の間から氷河が舌のように流れ、氷河と海岸の間には茶色い地面が露出している。夏の日差しと暖かさで氷河や雪が急速に解け、川がうねりながら大地を削り海へと流れていく。

北緯80度。6月下旬から8月上旬、短い夏の間、北極の大地は雪が解けてなくなる。解け水は急速に川となり、うねりながらゴーゴーと流れる。永久凍土の上で凍っていた表面の土も解ける。すると、冬の間雪の下で眠っていた植物たちは、「待ってたよ」と言わんばかりに葉を開き、解け水を吸い上げ、太陽の光を浴びてぐんぐん成長する。植物たちの葉はたちまち大きくなり、蕾ができて、花が咲く。

6月下旬から7月上旬には真っ白なチョウノスケソウ、薄い黄みを帯びたクリーム色のホッキョクヒナゲシ、紫がかった青色のハナシノブの仲間、少し遅れて濃いピンク色のムラサキユキノシタが咲きだす。7月中旬になると、直径5㎜～1㎝ほどの小さくてかわいらしい葉を2枚広げるキョクチヤナギ、モコモコとしたピンク色のクッションプラント、ネズミの耳のような白い花びらのホッキョクミミナグサ、葉の付け根にたくさんの真っ赤なムカゴ（栄養繁殖器官）をつけて白い花を咲かせるムカゴユキノシタ。7月下旬には、ベルのような白い花をつけて群生するオニイワヒゲ、提灯のようにプクッとした薄紫色の花をつけるタカネマンテマ。どれもこれも、背丈は高くとも5～10㎝と背が低い。これは、北極の寒さ、雪、風、生育できる期間の短さ、という厳しい環境に対応し矮小化しているからだ。

色とりどりの小さな花が短い期間に次から次へと咲き乱れ、コケとともにフカフカしたカーペットを作り上げる……これが夏の北極に広がるツンドラの風景だ。

ツンドラ植生がモコモコと発達しているところから山側を見ると、山と山の間から氷河が舌のように流れている。ツンドラの柔らかいカーペットを踏みしめて、山側に向かって歩いて行くと、氷河に近づくにつれて足の裏に感じるフカフカ感は減っていく。植物の姿がポツリポツリとまばらになっていき、しまいには植物たちの姿はすっかり消えてしまう。そして、石や礫や砂だけの地面になり、氷河の末端にたどり着く。

夏の陽を浴びるタカネマンテマの北極亜種（学名：*Silene Uralensis ssp. arctica*、英名：なし）。提灯のような形をした薄紫の部分は花ではなく萼で、その先にポンッと可愛らしい薄ピンクの花を咲かせる。あまり群生していることはなく、提灯部分は直径1㎝、背丈は5㎝ほどにしかならないので、普通に歩いていると見過ごしてしまう。

北極の大地を歩いていると、氷河や川で削られて露出した岩の中に大きな葉っぱの化石を時々見つけることがある。この化石はメタセコイアというスギ科の樹木で、25～30ｍもの高さまで成長する。約4千万年から1億年前の北極はまだ暖かくて森林が広がる世界だったことを物語る。

北極のツンドラ植生のほとんどは、氷河が後退して地面が剥き出しになった場所なのだ。つまり、海側から氷河のある山側に向かって、氷の下から露出した期間は短く、氷河に近いところほど最近になって氷河の下から露出した地点となる。そんなわけで、生まれて間もない地面は石や礫だけで、植物がまだ侵入していない。現在の氷河末端からだいぶ離れ、氷河の下から露出してかなりの時間が経つと、お花畑が広がるフカフカのツンドラカーペットになる。氷河末端とお花畑の途中、まばらに植物が生えている辺りが植物が侵入するために必要な時間がギリギリ経過した場所だ。北極には約900種の高等植物が知られていて、植生発達帯にはさまざまな種類の植物がひしめき合っているけれど、氷河近くにはある限られた種類の植物しかいないことに気づく。普通、土壌もないような砂や礫や岩だけの地面に、簡単にさまざまな植物が生えることなどない。こんな場所では、なかなか水が保たれずに乾燥しやすく、細い根が絡みにくいために定着しづらい。大きなサイズの砂しかなくて、栄養が全然ないような地面に、もし何かの植物のタネを撒いたとしても、ほとんどの場合はその環境に合わずに芽が出ない、もしくは芽が出たとしてもすぐに枯れてしまう。けれど、この辺に生えているわずかな植物たちは他の植物たちよりも、氷河から剥き出しになって間もない地面にいち早く侵入して定着することができる能力を持っている。そう、彼らはまだ見ぬ土地へと生息範囲を拡大する能力に長けた植物界のパイオニアなのだ。

氷河から露出した土地に、彼らがパイオニアとして早い段階で入って定着し、彼らの死骸が土壌を作り出し、根が砂礫の風化を進行させ、徐々に栄養分を含んだ厚い土壌の層ができあがっていく。すると、パイオニアではない他の種類の植物もやっと定着できるようになる。こうやって、氷河の下から剥き出しになったただの裸地は、長い時を経て、豊かなフカフカのツンドラカーペットと美しいお花畑になっていく。

パイオニアの中でも特に目立つのは、コケや地衣類、イネ科植物、ムラサキユキノシタという地面を這うように紫の花を咲かせる植物だ。次に目立つのが、ムラサキユキノシタほどではないが、キョクチヤナギ。真ん丸でツヤツヤ緑色の葉は直径5㎜～1㎝、背丈も数㎜～1.5㎝。「これが本当にヤナギ?! 木の仲間?!」と信じられないほどとても小さいけれど、スヴァールバルのツンドラ生態系の中で一番ハバをきかせている優占種だ。

(上) 北極のツンドラの優占種であるキョクチヤナギ（学名：*Salix polaris*、英名：Polar willow）。丸い形をした葉の大きさは約0.5～1㎝、背丈も1㎝ほどしかない小さな植物だが、ヤナギというからにはこれでもなんと“木”の仲間なのだ。
(下左) ツンドラのもう一つの優占種であるムラサキユキノシタ（学名：*Saxifraga oppositifolia*、英名：Purple saxifrage）。地面に這いつくばるようにして5㎜にも満たない葉と1㎝程度の紫色の花をつける。写真のように土があまり発達していない砂礫の場所でも生育することができるパイオニア植物だ。
(下右) 北極では最大級の花の大きさをもつホッキョクヒナゲシ（学名：*Papaver dahlianum*、英名：Svalbard poppy）が海岸沿いの丘の上で咲き誇る。

（上）日当たりの良い斜面で、真っ白な花を輝かせながら群生して咲き乱れるチョウノスケソウ（学名：*Dryas octopetala*、英名：Mountain avens）。ツンドラで夏の始まりを告げるような花だ。
（下左）ツンドラのふかふかカーペットを作り上げている立役者のコケ植物。拡大して見ると、黄緑色に透き通るような薄い葉が美しい。葉の大きさはわずか1㎜にも満たない。
（下右）5～10㎝ほどのひょろ長い茎に白い花を一つだけ咲かせるムカゴユキノシタ（学名：*Saxifraga cernua*、英名：Drooping saxifrage）。赤い茎には手のひらのような形をした葉とたくさんの真っ赤な粒をつける。この粒がムカゴと呼ばれ、地面に落ちるとそこから芽が出てクローンが生まれる。

これらに比べてパイオニアとまではなれないものの、氷河近くの競争前線にわずかに侵入しているのがホッキョクミミナグサ。ハート形の花びらが5枚並んだ真っ白な花が特徴的。そしてもう一つはタカネマンテマ。背丈が5cmほどのとてもかわいらしい植物だ。「それにしても、なぜパイオニア植物はパイオニアになれるのか？」そんな疑問が頭に浮かんでくるかもしれないが、それこそが北極でわたしが取り組んでいる研究テーマの一つでもある。

豊かなツンドラ植生は、そこに暮らす動物たちの命をも育んでいる。トナカイやホッキョクギツネ、ライチョウは一年を通してツンドラで暮らし、キョクアジサシやカオジロガン、ケワタガモなどの渡り鳥は夏の時期だけ北極にやってきて、ツンドラの大地で卵を産んで子育てをする。トナカイもライチョウもカオジロガンもケワタガモもツンドラの植物を食べ、キョクアジサシは海に出て魚をとり、せっせと子供を育てる。ホッキョクギツネはそんな鳥たちの卵やヒナを食べたり、魚やレミングやアザラシの子供を捕まえたりもする。

ツンドラを歩いていると、ひときわフカフカで鮮やかな緑色のカーペットがたまにある。そんな場所のすぐそばには断崖絶壁がそびえ立っていることが多い。そしてその断崖には派手な顔をしたパフィンなど、海鳥がところ狭しと暮らしている。彼らも夏の時期に北極に飛んできて、こういう険しい崖に巣を作り、餌とりのために海と崖を行き来しながら子育てをしている。魚を食べる彼らの排泄物が水に溶け込んで崖から流れ落ちる。すると、この栄養たっぷりの環境のおかげで植物はぐんぐん成長し、周囲よりも鮮やかで豊かな植物カーペットが鳥の崖の下には発達する。海も陸も生態系はこうやってつながっている。

氷河から露出したばかりの場所は植物がまばらだが、時間が経った場所は豊かな植生が発達。海鳥も海から栄養を運んでくる。

（左）ベルの形をした白い花をいくつも咲かせるオニイワヒゲ（学名：*Cassiope tetragona*、英名：Arctic bell-heather）。葉はまるで竜の鱗のように幾重にも重なって、ひも状になっている。北極の平坦なツンドラの大地で出会うと、和名の“岩髭”よりも英名の“ベル（鐘）”のほうがその佇まいにふさわしい。
（上）和名はないが、タカネマンテマに近い種類（学名：*Silene involucrate ssp.* furcata、英名：Arctic white campion）。背丈10～15cmほどと高く、提灯型の萼は濃い紫で白い花を咲かせる。花は垂れ下がらずに、空をまっすぐに向いている。

北極のクッションプラントの代表とも言えるコケマンテマ（学名：*Silene acaulis*、英名：Moss campion）。モコモコのドーム型になって、表面を覆い尽くすほどにピンク色の花をつける。

艶のある絹糸が集まったような綿毛をつけるエゾワタスゲの北極亜種（学名：*Eriophorum scheuchzeri* ssp. *arcticum*、英名：Polar white cottongrass）。背丈は10～20cmまで成長し、綿毛は大きいと5cmくらいになる。

海岸沿いの砂地に這いつくばるように生えているハマベンケイソウの北極亜種（学名：*Mertensia maritima* ssp. *tenella*、英名：Oyster plant）。肉厚な白みがかった葉にいくつもの青い花をつける。

花が終わると大きなタネをつけるタネツケバナの仲間（学名：*Draba oxycarpa*、英名：なし）。背丈は5cm程度で、茎の根元にバラの花びらのように放射状の葉をつける。北極で*Draba*属は多く、分類が難しい。

細長いハート形のネズミの耳のような白い花びらを5枚もつホッキョクミミナグサ（学名：*Cerastium arcticum*、英名：Arctic mouse-ear）。小さくて薄い葉をつけて地面に這いつくばるようにして群生する。

北極のクッションプラントの代表その2であるチャボクモマグサ（学名：*Saxifraga cespitosa*、英名：Tufted Saxifrage）。小さめのドーム型で地面から盛り上がり、クリーム色の花を葉から伸ばす。

北極のツンドラを象徴する花であるムラサキユキノシタ（学名：*Saxifraga oppositifolia*、英名：Purple saxifrage）。どこにでも生えていて、バラの花びらのような放射状の小さくて肉厚の葉を数珠状につける。

ツンドラであまり見かけることのないキバナクモマグサ（学名：*Saxifraga hirculus*、英名：Marsh saxifrage）。湿地っぽい湿った環境に生えており、背丈は3〜5㎝、花は1㎝にも満たない。

柔らかい質感の青紫色の花で咲き誇るハナシノブ科の仲間（学名：*Polemonium boreale*、英名：Boreal Jacobs-ladder）。蛇腹のような葉を根元につけ、英名の“Boreal”=「北方」の名の通り、高緯度北極に固有の花だ。

麦のように細長い穂にいくつもの花をつけるムカゴトラノオ（学名：*Bistorta vivipara*、英名：Alpine bistort）。日本の高山では高さ20〜30㎝にも成長するが、北極ではせいぜい3〜5㎝程度と矮小化している。

北極に何種かあるキンポウゲの一種（学名：*Ranunculus nivalis*、英名：Snow buttercup）。日本の高山にいるタカネキンポウゲと似るが、北極のツンドラに固有で、フサフサとした毛が萼から伸び、手の平のような葉をつける。

シオガマギク属の仲間（学名：*Pedicularis hirsuta*、英名：Hairy housewort）。ギザギザの葉をもち、先端にはぷっくりとした筒形の花を空に向かって咲かせ、花の色は濃いピンク、薄いピンク、白のものがある。

地球を旅する鳥

北極の海岸にはいくつもの氷河が陸地から海に流れ出している。吸い込まれそうなほど美しい青白い色だが、無数の亀裂が入った氷河はいつ崩れてもおかしくない。近年、北極の氷河は急激に後退・減少している。

キョクアジサシという鳥を知っているだろうか？ 真っ赤なくちばし、真っ赤な脚、黒い帽子をかぶったような頭に、白とグレーの体をした鳥だ。体長は約35㎝で、ハトと同じくらい。けれど体重は約120gと、300～500gのハトと比べると、3分の1～4分の1ほどでとても軽い。

海の上で翼をヒラヒラと羽ばたかせ、空中で綺麗にホバリング、狙いを定めたら一気に海へと突っ込んでいく。海面から上空に出てきた瞬間、真っ赤な長いくちばしには魚が咥えられている。見事なハンティングだ。

夏のツンドラを歩いていると、このキョクアジサシが「ギギギギギーーッ」と騒がしく鳴きながら猛スピードで頭に襲いかかってくる。彼らはツンドラの地面の上に巣を作り、卵を産んで子育てをしている。巣と言っても、わたしたちが想像する鳥の巣とは違って、植物カーペットの上や礫の上にただちょこんと座っているだけ。なんだかとても無防備なのだ。

キョクアジサシの親は、抱卵中やヒナがまだ小さい頃はとても神経質になっていて、卵やヒナに危険が及ばないように巣に近づく者がいれば容赦なく襲いかかって追い払う。ヒナが自分で自由に動き回れるようになると、離れたところから警戒音で鳴いてヒナに危険を知らせる。

ほとんどの鳥のヒナは地味な色をしているが、キョクアジサシのヒナは生まれた瞬間から結構派手な色をしている。茶色やベージュの体に、くすんだ黄色や黒のマーブル模様、くちばしと脚は赤みが強いオレンジ。これでは目立ちすぎてすぐ天敵に見つかってしまうのでは？ と心配になるが、それは心配ご無用。ツンドラの大地と岩や礫の中では、このマーブル模様とオレンジ色がちょうどコケや地衣類、花の色に紛れ込み、よく目を凝らしてみないと見つけることができない。

渡り鳥である彼らは夏の間に北極で子育てをし、夏が終わると北極の大地を去ってゆく。さてこのあと、どこへ向かうのか。ヨーロッパ？ アフリカ？ いやいや、そんな生半可な旅ではない。なんと

夏の北極の青い空には、キョクアジサシ（英名：Arctic tern）が白い翼を輝かせながらヒラヒラと舞う。繁殖期はくちばしと脚が真っ赤に染まり、とても色鮮やかだ。海の上で水中の魚に狙いを定めてホバリングしている姿をよく見かける。

（左）お腹の下で卵を温めているキョクアジサシの親。天敵のホッキョクギツネがいるにもかかわらず、隠れもせずに堂々と砂地に巣を作る。抱卵中はとてもナーバスになっていて、彼らに近づくとすぐにもう片方の親が飛んでやって来て、頭を目がけて攻撃し威嚇をしてくる。
（右）羽毛がフワフワのキョクアジサシのヒナ。ヨチヨチと地面を歩きまわれるようになると、親鳥もだいぶ落ち着いてきて、近寄っても襲いかかって来なくなる。

白夜の北極から白夜の南極へと、キョクアジサシは地球を股にかけて世界で一番長い距離の渡りをする。

行き先は南極！ 彼らは世界でもっとも長い距離を渡る鳥なのだ。夏が終わり、寒くなる北極をあとにした彼らは、南極の夏を目指して長い長い旅に出る。そして南極で餌とりをし、夏が終わればまた北極へ行って繁殖をする。白夜の北極から白夜の南極へ……そんなわけで“白夜を求めて旅する鳥”と呼ばれることもある。

ある研究によると、1年間に約8万kmを超える距離を移動していたと言われている。地球1周が約4万kmということを考えると、彼らは1年間に地球2周ほどの距離を飛んでいるわけだ。さらに最近、知り合いのオランダ人のキョクアジサシ研究者から、「それよりも飛んでる子がいたよ！ 9万kmだ！ 新記録だ！」なんて話も聞いた。そんな子はちょっとみちくさが好きな性格なのかもしれない。もしかしたら、もっとみちくさが好きな子が現れたらまた記録更新されるのかもしれない、なんて思ったりもする。

夏の北極で子育てを終えると、キョクアジサシの象徴的なくちばしと脚は黒に変わる。真っ赤なくちばしと脚は繁殖期だけの特徴で、南極へ渡る頃には黒くなる。ところが夏の南極に行って陸の上を歩いてみると、目につくのはくちばしも脚も真っ赤なキョクアジサシばかり……。何を隠そうこの鳥は、南極で繁殖をする「ナンキョクアジサシ」という鳥で、北極で繁殖する「キョクアジサシ」とは別の種だ。一見すると見た目はほぼ同じでなかなか区別がつかない。ナンキョクアジサシは体重が約140gとキョクアジサシに比べて少しだけ重くてずんぐりしている。とは言え、大きさがわずかに違うことなどキョクアジサシの研究者でない限り、なかなか分からないだろう。

では、北極から来たキョクアジサシたちはどこへ行ったのだろう？ ナンキョクアジサシばかりの中、稀にくちばしも脚も黒い地味なキョクアジサシを見かける。確実に南極にたくさん来ているはずなのに、なんだかレアキャラなのである。もしかすると、南極に餌とりに来ている彼らはあまり陸地でじっとしていないのかもしれない。でも、実際に南極で地味なキョクアジサシに出会うことで、「あぁ、本当に北極から飛んできたんだなあ……」と、地球の果てから果てへ飛び回っている彼らの壮大な旅に実感が湧く。

彼らにとっては、この地球にはなんの境界もなくて、太平洋だって大西洋だって、荒れ狂う南極海だって、もしかしたらただの箱庭に過ぎないのかもしれない。そんなことを思い、ただ純粋に感動してしまうのだ。

(上) キョクアジサシの親鳥が海から魚を運んでヒナに与える。背中側の羽毛はベージュ色をベースに黒や茶色がマーブル状に混じり、ツンドラや砂地に驚くほど溶け込むので、なかなか見つけるのが難しい。
(下) 無防備な砂の巣の上に置物のようにちょこんと座る、まだ生まれて間もない兄弟。普通は地味な色が多い鳥のヒナにしては珍しく、生まれた時からくちばしと脚が鮮やかなオレンジ色だ。

ユキホオジロ（英名：Snow bunting）のオス。たくさんの植物をついばんでくちばしに挟み、ヒナにせっせと運ぶ。白と黒のツートンが美しいのはオスだけでメスは地味な茶色い色をしている。

真っ白な冬羽から茶色の夏羽に生え変わり中のスヴァールバルライチョウ（英名：Svalbard rock ptarmigan）。目の上にある真っ赤な盛り上がりがオスの特徴。ツンドラの植物を食べて暮らす。

チドリの仲間、ハジロコチドリ（英名：Common ringed plover）。夏になると北極にやってきて子育てをする。夏にはくちばしは鮮やかなオレンジ色で、首には黒い輪のような模様がある。

ツンドラの上に巣を作るムラサキハマシギ（英名：Purple sandpiper）。子育て中に近づくと大きな鳴き声でバタバタと翼を動かし傷ついた振りをする。偽傷行動で気を引いてヒナから遠ざける。

真っ黒の身体で一部が白、脚が真っ赤なハジロウミバト（英名：Black guillemot）。潜るのがとても得意で、海に潜ってまったく違う場所から姿を現すのをよく目にする。

英名はArctic skuaだが、和名はクロトウゾクカモメ。とても攻撃的な性格で、ツンドラを歩いていると勢いよく襲い掛かってくる。まるでギャングのような存在だ。

崖にところ狭しと暮らすパフィン（ニシツノメドリ、英名：Atlantic puffin）。とても派手な顔の海鳥で、赤・オレンジ・黄色の大きくて太いくちばしが特徴。体は丸っこくて翼が小さく、飛ぶのが下手で海から崖に戻って来るとうまく着陸できなかったり、他の鳥の上にぶつかったりするのをよく見かける。水中での動きは俊敏で、巧みに潜水して魚を捕まえる。イカナゴを一度に10匹もくわえて帰って来ることもある。彼らの排泄物が陸上の生態系に栄養を与えるので、巣の周りや下には植物が鮮やかに生い茂る。

北極の切り立った島の断崖絶壁に集団で営巣するハシブトウミガラス（英名：Thick-billed murre）。遠目だと、まるでペンギンが崖に暮らしているようにも見える。飛ぶのはあまり得意ではないが、海に潜って泳ぐ能力はペンギンに次ぐほどだ。ハシブトウミガラスによく似たオオウミガラスも北極で暮らしていたが、乱獲によって1850年頃に絶滅した。古くからヨーロッパではこのオオウミガラスを“Pen-gwyn”と呼び、南半球で見つかったオオウミガラス似の鳥を“南極ペンギン”と呼んだが、本家ペンギンが絶滅した今ではそれが“ペンギン”と言われるようになった。

（左）ツンドラの花畑でひと休み中のスヴァールバルトナカイ（英名：Svalbard reindeer）。冬毛から夏毛に生え変わり中だ。夏はいつも地面に顔を近づけながらムシャムシャとツンドラの植物を食べているので、口の周りに花や葉っぱがついているのをよく見かける。おかげで、トナカイが通ったあとのツンドラ上からは花が消えてゆく。
（上）トナカイの親子が2頭で寄り添いながら歩いているのが夏のツンドラを代表する風景だ。あまり人間を恐れないが寄ってくることもほとんどなく、人間が動かずにだまっていると警戒せずに植物を食べ続ける。夏にひたすら食べて脂肪をつけ、植物の乏しい冬に備えるのだ。

カオジロガン（英名：Barnacle goose）の親子たち。初夏にだいたい4匹のヒナが生まれ、親子6匹で仲むつまじくツンドラを歩いている。「グワッグワッ」と鳴きながら、いつもせわしなく植物を食べ、生まれて間もない頃は首が短かったヒナはみるみるうちに成長して、親と同じように首がどんどん長くなっていく。

じゃれ合いながら元気に走り回るホッキョクギツネ（英名：Arctic fox）の子どもたち。親狐はいつも近くで見守っている。日本で見かけるアカギツネやキタキツネよりも毛が深くて濃く、丸っこい体と顔で、脚が短く耳が小さい。寒さにさらされる体の面積が小さいことで体温が逃げにくくなり、北極の環境に適応した体の形になっているのだ。夏毛は短くて灰色がかった茶色だが、冬はフワフワで真っ白な長い毛に生え変わる。

タテゴトアザラシ（英名：Harp seal）の母親と子ども。毎年２～３月に海氷上で出産して子育てをする。生まれて間もない子どもは母親の羊水で毛が黄色っぽく体もやせ細っているが、数日で白くなって氷上で保護色になっていく。１日に約2kgずつ体重が増え、10日もすると大福のように丸々と太ってあまり動けなくなり、２週間経った頃には、ついにフワフワの白い毛が抜け始める。春の到来とともに海氷が解け出す頃には親離れをし、独り立ちをして海へと旅立つ。

北極最大級の町ロングイヤービン

ロングイヤービンの教会

ニーオルスンの食堂

ニーオルスンでの土曜日の食事

村の中心に建つアムンゼン像

暮らし

スヴァールバル諸島の中心となっているのはロングイヤービンという北極最大級の町で、色とりどりの建物が連なる。スヴァールバルのどこかへ行こうとするなら、誰しもがまずは必ずここに入ることになる。そこから約115km北に、北極国際観測村のニーオルスンがある。この村にも色とりどりの小屋が建ち並び、それは各国の観測基地、実験室、車の整備場など、色んな用途で使われているのだが、なかでもひときわ目立つのが、村を管理しているノルウェーの企業「Kings Bay」の事務所や食堂とラウンジがある建物だ。ここに到着した人はみな、ここの受付で入村手続きをして、帰るときも滞在費や航空機代などを精算して退村手続きをしないといけない。食事も毎食この建物でとることになる。

村の中心部から少し離れた丘の上に「ラベン」という名のちょっと寂しさ漂う灰色の小屋がある。小屋といっても大きめの小屋といった感じだが、ここが日本の観測基地だ。中心部から車で5分、歩くと20分ほどの距離で、ホッキョクグマ出没の危険性が高いエリアなので、私たちはほんの少し基地の外を散策するにも、必ずライフルを持って歩く。

ラベンには2段ベッドが6セットあって、最大で12人が宿泊でき、他に、実験室、観測機器室、パソコン部屋、キッチン、シャワー、トイレが完備され、インターネットも常時接続できる。といっても水は貴重なので、シャワーは2～3日に一度だし、中心部で食事をするので、キッチンで調理することはほぼない。時間になると食事が用意され、快適な住環境で暮らせるおかげで、生活の心配なしに、思う存分北極で野外調査ができるというのはすごいことだ。けれど、この便利で快適な北極ライフがタダで得られる、なんていうおいしい話は決してない。2015年現在、1日滞在ごとに550ノルウェークローネ（日本円で約1万円）が課金される。つまり、1ヶ月間の調査に来ると滞在費だけで約30万円。もちろん北欧の物価の高さもあるが、こんな北極の地で日本ならそこそこの温泉宿に泊まれるような一泊料金を支払わなきゃいけないなんて……とブツブツ独り言を漏らしているのは私だけではない、と信じたい。

〔土〕トナカイのステーキ　〔月〕タコス　キノコのキッシュ　〔金〕クジラのステーキ　〔火〕ラザニアとスモークサーモン　〔木〕サーモンのムニエル　〔日〕トマトパスタ

食事

毎日どんなものを食べてるの？トナカイ？アザラシ？……なんてことを色んな人からよく聞かれる。確かに、北極で野外調査をしてどんな生活をして、どんな食事をしているのか、普通に暮らしてたらあまり想像がつかないだろう。実際、私も北極で調査をするまでは自分たちで調理するのかな、なんて思っていた。けれど、ニーオルスンに関していえば、数ある北極調査地の中では群を抜いて豪華な食事にありつける場所だろう。なにせ、それ相応のお金を払っているだけあって、1日3食だまっていてもちゃんとした料理が出てくる。牛乳、オレンジジュース、リンゴジュース、コーヒー、紅茶、クッキーは常にあり、いつでも勝手に食べてよい。朝はパン、シリアル、ハム数種、チーズ数種、飲むヨーグルトなど。昼は、朝のメニューや日替わりの主食のほかに、必ずスモークサーモン2種、焼きサーモン、焼きタラ、フルーツ数種がある。食料補給船が来たあとの2週間くらいはレタス、トマト、キュウリ、パプリカなどのサラダも出るが、それが尽きるとしばらくサラダはお目にかかることができなくなる。土日はちょっと変則的で、平日の朝食・昼食・夕食のタイムスケジュールと違って、ブランチ・ティータイム・ディナーになる。土曜のディナーはとくに豪勢で、テーブルが綺麗に飾り付けされている。この日ばかりはみな思い思いのワインや酒を持ち込んで、少しゆっくり食事を楽しむのだ。「Kings Bay」の従業員の中には、お洒落にドレスアップしている人もちらほら。さらに水曜と土曜は夜にバーが開店し、社交の場となる。しかし、夏の短い期間だけ調査に来ている身にとってはなかなかバーに行く時間がないのが現状だ。とまあ、こんな感じで北極へ調査に来ているとは思えないような豪華でボリューミーな食事なため「なんて贅沢な！」「誰もが満足するに違いない。」と普通は思うだろう。でも、日本人研究者の中には深夜になると日本から持ってきたカップ麺やカップ焼きそばにひっそりと舌鼓を打つ人も。その、カップ焼きそばを食べている時の恍惚とした表情……まるで中毒患者である。そして、香ばしいソースの匂いが小屋に充満するたびに、患者は増殖の一途をたどる。

Column 2

白夜と極夜

北極や南極で見られる。いや、北極と南極でしか見ることできない現象がある。白夜と極夜だ。北極と南極では夏になると、太陽が地平線もしくは水平線へ沈まずに、一日中空をまわり続け、真夜中でも明るい。これが白夜だ。逆に冬になると、今度は太陽が一日中沈んだままで一日中空に昇ってくることはない。これが極夜である。白夜と極夜が続く期間は緯度によって異なる。例えば昭和基地では、白夜と極夜はそれぞれ約45日間続く。それが南極点になるとそれぞれ約半年間にもなる。つまり、極点では一年中、白夜か極夜のどちらかの状態なのだ。

そもそも、なぜ極地には白夜と極夜があるのだろうか。地球の地軸は約23.4度傾いている。おかげで、北半球は夏に太陽の光が届く時間が長くなり、冬には短くなる。南半球はその逆だ。高緯度になればなるほどその影響は顕著になって、ある緯度以上になると太陽が一日中地平線の上にある、もしくは、一日中地平線の下にあるという現象が起きる。“ある緯度”というのが北極圏と南極圏のラインが引かれる“66度33分”だ。では、なぜこの緯度が境界なのか。90度−23.4度（地軸の傾き）＝66.6度＝66度33分となる。そういうわけで、白夜と極夜が訪れるエリアが決まっていて、緯度によってそれが続く期間が違うのだ。

白夜（左）が終わると久しぶりの夜が来て、空の月も輝きを取り戻す。しばらくすると極夜期が始まる。一日中太陽が昇らない、暗くて寒い厳しい時期だ。

Antarctic

見渡すかぎり、どこまでも果てしない真っ白な世界が広がり、音もない、匂いもしない、動くものは何もない。
はるか遠くから黒い小さな点が近づいてきた。非現実的な白い世界を進むペンギンの群れはまるでおとぎ話の国に住まう者のよう。
ここは地球上のどことも違う特別な場所。

動物がつなぐ海と陸の生態系

夏の南極海。海氷域のすぐそばで、ザトウクジラ（英名：Humpback whale）の群れが潮を噴き上げながら悠々と泳いでいる。全長の3分の1もある長くて大きい胸ビレが特徴だ。ザトウクジラだけでなく、さまざまな種類のクジラが餌を求めてやって来る。

夏の南極海にはさまざまな動物たちが大結集する。クジラやアザラシ、ペンギン、海鳥などなど。

大陸性南極と海洋性南極では、暮らしている動物の面々がだいぶ異なる。昭和基地があるような大陸性南極ではウェッデルアザラシ、カニクイアザラシ、ヒョウアザラシ、ロスアザラシ、アデリーペンギン、コウテイペンギン、ユキドリ、ナンキョクフルマカモメ、ナンキョクオオトウゾクカモメなどがよく見られる。南極のイメージというと、真っ先にペンギンを思い浮かべるかもしれないけれど、全部で19種類もいるペンギンの中で、いかにも南極らしい氷と雪の風景が広がる大陸性南極に暮らすペンギンは、実はたったの2種類しかいないのだ。

亜南極から南極半島にかけての海洋性南極では、ウェッデルアザラシやカニクイアザラシ、ロスアザラシを見かけることは稀で、ミナミゾウアザラシ、ナンキョクオットセイが代表的な鰭脚類（アザラシ、オットセイ、アシカ、トドなど）となる。ペンギンは大陸性南極よりも種類が豊富になり、ジェンツーペンギン、ヒゲペンギン、マカロニペンギンがよく見られるが、アデリーペンギンとコウテイペンギンを見かけることはあまりない。その他に、海洋性南極で見られるのはオオフルマカモメ、ナンキョクアジサシなどなど。他にも、南極海の上にはたくさんのアホウドリの仲間が飛び交っている。真っ白な体が美しいユキドリは、海氷があるエリア以南でないと見かけることができない。それどころか、彼らは昭和基地のような沿岸部だけでなく、海岸から数百kmも離れた内陸にある山岳地帯にでさえ集団で営巣をしている。これほど海に遠いのだから、昼ごはんを食べに行くのにも一苦労だな。と人間目線で心配しまうこともしばしばだ。

夏が終わると、南極大陸から去っていくわけだが、とにかく夏の間だけはたくさんの動物で南極は賑やかになる。

ところで、なぜこんなにも寒い南極に動物たちはやってくるのだろう？

哺乳類の中で、地球上で最も南に暮らすウェッデルアザラシ（英名：Weddel seal）。彼らは一年中を南極域で過ごし、ほとんど移動せずに生まれた場所から数kmの範囲内で生活すると言われている。早春（9～10月）に海氷上で1頭の子どもを産む。

豊かな南極の海は海氷によって支えられている。春から夏にかけて海氷の下に繁茂する珪藻を餌に、ナンキョクオキアミ（英名：Antarctic krill）が大増殖する。魚・ペンギン・アザラシ・クジラなどにとってナンキョクオキアミは重要な食料だ。

南極観測船しらせが海氷を割りながら進むと、ひっくり返った海氷の裏側が茶色っぽい色をしているのがわかる。これは決して泥などが付着した汚れではなく、海氷の中に暮らす「アイスアルジー」と呼ばれる生き物の仕業だ。海が凍って氷が出来るとき、海水の水分だけが凍るので氷の中に残る塩分を含んだ水はとても濃い状態になる。濃い塩水は重いために、氷の中から海へと沈み込んでゆく。すると、この部分に隙間が出来るので、海氷には無数の小さな穴が出来上がる。この小さな穴には海水から栄養が運び込まれ、おかげでこの穴をすみかにするアイスアルジーは恩恵を被っているわけだ。アイスアルジーは藻類の仲間で、春になると、南極海に張る氷を透過した太陽の光を使って光合成をし、大繁殖する。夏になって徐々に氷が解けはじめると、大繁殖したアイスアルジーはそのまま海の中へ放出される。すると、アイスアルジーを餌とするナンキョクオキアミが南極海で大増殖をする。何を隠そう、クジラもペンギンも魚たちもこのナンキョクオキアミを主食にしているのだ。そんなわけで、夏の南極海は生き物がとても豊かになる。そしてこの豊かな海を作り出し、動物たちを支えているのが、南極海を広大な面積で覆う「氷」というわけだ。

夏の間、ペンギンや他の海鳥たちは海で餌を取り、陸地の上で卵を産んで子育てをする。彼らが陸地に巣を作って暮らすと、その周りだけに緑鮮やかなコケや藻類、色とりどりの地衣類の豊かな群落が繁茂していることが多い。栄養が乏しい南極の陸上生態系にあって、彼らの排泄物はとても貴重な栄養源になっているのだ。さらには彼らが陸上で死んでしまった場合も、その身体はバクテリアによって徐々に分解され、植物にとっての栄養源となる。こうして、移動能力の高い動物たちは、海から陸へと物質を運び、陸上生態系と海洋生態系をつないでいる。

(上) 海氷上を羽ばたくユキドリ (正式な和名：シロフルマカモメ、英名：Snow petrel)。大陸性南極を象徴する海鳥で、その特徴的な純白の身体は氷や雪の世界で保護色となる。
(下左) 陸上の崖や岩の隙間にひっそりと巣を作り、11月頃に卵を産む。12月中下旬になってヒナが生まれると親鳥も数日単位で巣を留守にするようになる。
(下右) 大陸の沿岸から100km以上も内陸の過酷な環境の山岳地帯にでさえユキドリは暮らしている。氷が開いて海水面が見える場所までは少なくとも200kmはあるからなんとも驚きだ。

マユグロアホウドリ（英名：Black-browed albatross）。目の上に眉毛のような黒い模様があるのが名前の由来で、翼開長は最大240cmにもなる。南極周辺の島々で繁殖する。

オオフルマカモメ（英名：Southern giant petrel）。南極大陸、南極半島、亜南極の島々で繁殖し、翼開長は約200cm。アザラシ・ペンギン・海鳥の死体を主食にする。

ハイイロアホウドリ（英名：Light-mantled sooty albatross）。亜南極の島々で繁殖し、翼開長は最大220cmほど。暗褐色の体で、目の周りが白く縁取られている。

ハイガシラアホウドリ（英名：Grey-headed albatross）。亜南極の島々で繁殖し、翼開長は最大220cm。頭部が灰色で覆われているのが名前の由来だ。

ナンキョクオオトウゾクカモメ（英名：South polar skua）。南極大陸、南極半島、亜南極の島々で繁殖し、翼開長は約130cm。ペンギンやユキドリの卵やヒナを狙って食べる。

ワタリアホウドリ（Wandering albatross）。亜南極の島々で繁殖し、翼開長は最大360cmという記録もあり、飛ぶ鳥の中で最も大きい。海の上を羽ばたかずに滑空する姿は雄壮だ。

左から、ナンキョクフルマカモメ（英名：Antarctic petrel）、マダラフルマカモメ（英名：Cape petrel）、ギンフルマカモメ（英名：Southern fulmar）。それぞれ、翼開長101～104㎝、81～91㎝、114～120㎝と少しずつサイズが異なる。海氷域の外側ではこの3種が一緒に飛んでいるのを見ることができるが、海氷域に入るとマダラフルマカモメはいなくなり、海氷が密になるとギンフルマカモメはいなくなる。

陸の上で休憩中のヒョウアザラシ（英名：Leopard seal）。身体にある白や黒の斑点模様が名前の由来で、体形は細長く頭が大きい。長くて大きく開く口には鋭い牙が並ぶ。一見おっとりした外見とは逆に、この大きな口を使って他のアザラシやペンギンを襲って食べるどう猛なアザラシだ。

南極域に生息する唯一のオットセイであるナンキョクオットセイ（英名：Antarctic fur seal）。南極半島や亜南極の島々で繁殖し、他のオットセイと同様にハーレムを作る。18世紀後半に人間に発見されて以来、そのフワフワの良質な毛皮が狙われ乱獲されて19世紀末には絶滅寸前になったが、保護されるようなってからは推定300～400万頭まで回復した。

(上) 海岸近くの草地で寝そべるミナミゾウアザラシ（英名：Southern elephant seal）の子ども。
(右) ミナミゾウアザラシは南極にいるアザラシ5種の中で唯一、海氷上ではなく南極半島や亜南極の島々の海岸で繁殖し、ハーレムを作る。ゾウのような大きな鼻が大人のオスの特徴で、鰭脚類の中で最も大きな身体を持ち、肺呼吸動物の中で最も深くまで潜水できる（なんと水深1700ｍ！）と言われている。

体長110～130㎝、体重25～45㎏と、ペンギンの中で最も大きいコウテイペンギン（英名：Emperor penguin）。ペンギンと言えば南極というイメージだが、実際に南極大陸で繁殖するのはコウテイペンギンとアデリーペンギン（英名：Adelie penguin）の2種だけだ。南極域で暮らす他のペンギンは夏（11～12月）に陸地で巣を作って卵を産むが、コウテイペンギンだけは真冬（5～6月）に氷の上で卵を産む。

皇帝という名にふさわしく、広大な氷原の上でたたずむ姿がゆったりどっしりとしている。寝る時は立ったままのことが多いが、移動する時は腹這いになってそりのように進むことが多い。

（左）生まれて1週間頃のヒナを子育て中のアデリーペンギン（英名：Adelie penguin）。体長60～70cm、体重5kgでエンペラーペンギンと比べるとだいぶ小さいが、ペンギン19種の大半がこれくらいのサイズだ。ペンギンと言えば南極というイメージだが、コウテイペンギンの他に、南極大陸で繁殖するペンギンはこのアデリーペンギンしかいない。（上）卵からかえったアデリーペンギンの子は約3週間もすると、親のそばから離れて子どもたちだけでクレイシ（共同保育所）と呼ばれる集団をつくる。クレイシを作るまでは母と父が交代で餌とりに出かける。

生まれて1ヶ月半も経つと、ヒナは親と同じくらいの大きさまで成長し、灰色の羽毛が抜け始める。海に入る時期が近づいている。

(左) 南極半島と亜南極の島々で繁殖するヒゲペンギン（英名：Chinstrap penguin）たちが、濡れた身体を乾かしながら交代で鳴いていた。南極域で暮らすペンギン6種のうちの1種で、体長70～75cm、体重4～7kgと中型だがアデリーペンギンより少し大きい。あご髭のような黒い線模様があることが名前の由来になっている。ペンギンの中では最も数が多い。
(上) アデリーペンギンと同様に、岩場に小石を積み上げてドーナツ状に巣を作るが、他のペンギンが避けるような斜面にも営巣地をつくることがある。

ヒゲペンギンと同じように南極半島と亜南極の島々で繁殖するジェンツーペンギン（英名：Gentoo penguin）。中型のペンギンだがヒゲペンギンより少し大きく、体長75～90cm、体重5～8.5kg。くちばしが赤く、足もアデリーペンギンやヒゲペンギンよりもオレンジがかっており、目の上から頭にかけての白い模様が特徴的だ。ヒナのくちばしも鮮やかでオレンジ色をしている。

島の海岸を約3000ペアのジェンツーペンギンが埋め尽くす。単純計算で親鳥6000羽とヒナ6000羽で12000羽ほどだ。

抱卵中のジェンツーペンギン。アデリーペンギン・ヒゲペンギンと同じように岩場に小石を積み上げて巣を作り、10～11月にかけて2つの卵を産み、12月上中旬に卵からヒナがかえる。

花を咲かせない原始の植物

一年のうち11ヶ月くらいは、南極大陸の上にある水はすべて氷になって動くことがない。岩壁を流れてしたたる水さえも落ちる途中の形で凍ってしまう。

南極半島周辺など海洋性南極には2種類の高等植物が暮らしているけれど、大陸性南極に高等植物は自生していない。コケも海洋性南極では約100種見つかっているが、それに対して大陸性南極では多く見積もってもわずか24種ほどしか見つかっていない。

海洋性南極で見つかるコケの種数はマーガレット湾と呼ばれる南緯68度辺りで急に少なくなり、さらにこの湾を境にして2種の高等植物も生育しなくなる。このマーガレット湾から南側には大陸性南極特有のシンプルな生態系が広がるばかりだ。

大陸性南極の露岩域（氷に覆われていない場所）を歩いていると、赤茶けて乾燥した岩肌がどこまでも続く風景が広がっていて、植物の気配がほとんどしない。わずかだが、夏の間にかろうじて雪や氷の解け水が流れる周辺に、「コケ」「藻類」「シアノバクテリア」「地衣類」が見つかる。これが南極大陸の陸上に広がる典型的な風景で、この小さな生き物こそが南極の陸上生態系の主役なのだ。

常に乾燥と低温と紫外線にさらされる南極の露岩域の過酷な環境を生き抜くために、「コケ」「藻類」「シアノバクテリア」は岩陰や岩の隙間、石の中、砂の下、小さな水溜りにとてもとても小さな群落を作って暮らしている。「地衣類」は常に水に浸かるような場所では生きることができないため、岩壁や乾燥したコケの上などにわずかに暮らし、ユキドリが営巣する岩壁で比較的多く見つかる。とは言え、初めて南極を訪れる人にとっては、彼らがあまりにも小さな群落でひっそりと暮らしているため、見つけるだけでもかなり苦労するぐらいだ。

「コケ」「藻類」「シアノバクテリア」「地衣類」。花や草や木と同じように、どれも光合成をして成長する生き物たちだ。この中でコケは普段からそれなりに馴染みがあると思うけれど、藻類やシアノバクテリアや地衣類となるとあまり聞き慣れない生き物かもしれない。

南極大陸の露岩域は栄養が乏しくて土壌がなく、液体の状態の水が存在する時期は一年のうちでほんのわずかしかない。飛び石や島のように植物が生きられる場所は限られ、決して連続的ではない。おかげで、夏に水が流れるような場所にはコケの大群落がモコモコに広がる。

（上）露岩域の海岸を歩いていると、赤紫色の砂浜が一面に広がっていることがある。南極では至るところで岩や石の中にガーネットを見つかる。これらが風化してガーネットのかけらが集まると、そんな砂浜ができ上がるのだ。

今でこそ地球の大気の21％が酸素で、わずか0.03％が二酸化炭素だが、原始の地球には酸素などほぼなかった。そのかわり、メタンが今よりも大量に含まれ、二酸化炭素は今の数百から千倍ほども存在していたと考えられている。

わたしたちが今こうやって普通に見ている日中の空は青い色をしているけれど、大気の成分が現在とは全く違った原始地球は空の色さえ違っていて、赤っぽい色をしていたことだろう。そんな原始地球だったが約30億年前、地球46億年の歴史上で最大級の事件が起きた。原始地球の海の中に、初めて酸素を発生する光合成をする生き物が誕生したのだ。それが、シアノバクテリアに限りなく近い生き物だったと言われている。

こうしてシアノバクテリアが誕生した地球には、光合成によって酸素が急激に増え、ついには酸素を使ってエネルギーを得る生き物が生まれた。わたしたちは普段何気なく呼吸をして、つまり酸素を吸って暮らしている。酸素は生命を維持するために必須のものだ。けれど、原始地球の生き物にとって酸素は有害なものだった。酸素はさまざまな要因で活性酸素へと変化し、DNAなどを傷つけてしまうからだ。そこで、「真核生物」というものが誕生した。それまでの生き物は、シアノバクテリアも含めてみな「原核生物」だった。原核生物はDNAが裸のまま体の中にあるのだが、これでは無防備すぎて活性酸素ですぐにダメージを受けてしまう。そんなわけで、DNAを守る壁を作り、体内でDNAを隔離した。このDNAを隔離する壁をもつ生き物こそが真核生物だ。わたしたち人間も真核生物である。

そんな初期の真核生物が自らの体内にシアノバクテリアを取り込み、そのまま細胞内に共生させることによって光合成

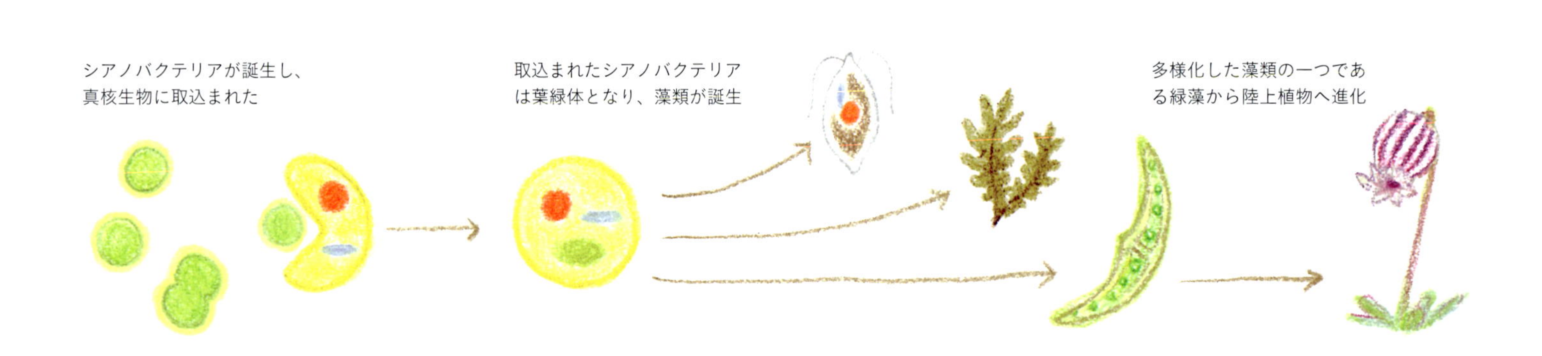

(上) ユキドリの巣がある岩壁には色とりどりの地衣類が暮らしている。特によく見られるのは鮮やかなオレンジ色をしたダイダイゴケの仲間（学名：*Caloplaca* sp.、英名：Orange lichen）や真っ黄色のナンキョクロウソクゴケ（学名：*Candelaria murrayi*、英名：なし）などだ。地衣類は南極大陸上で最も優勢な植物で、昭和基地周辺に生育するコケは7種なのに対して、地衣類は60種を超える。南緯86度にでさえ8種の地衣類が暮らし、これが地球上の植物の南限と言われている。
(左) 大陸性南極で最も代表的なコケである明るい緑色のオオハリゴケの仲間（学名：*Bryum*属）。
(右) 雪解けの時期、雪が緑色に染まる。赤潮やアオコのように雪氷藻類が大増殖したためだ。

ができる真核生物が誕生した。それが藻類だ。藻類はその後、さまざまに進化を遂げ、緑藻、珪藻、褐藻、紅藻、渦鞭藻類など、兎にも角にも多様化していった。例えば日常生活で馴染みのある生き物で言えば、アオノリや三日月型をしたミカヅキモは緑藻、昆布やわかめは褐藻、海に発生する赤潮は渦鞭毛藻の仲間である。そして、高等植物、つまり花や草や木はすべて、この多様な藻類の中の一つである緑藻から進化した生き物なのだ。

さて、では地衣類はどんな生き物なのか。古い寺の石壁や木の表面、山の中の岩などにたまにペンキを塗ったようなオレンジや黄や白や薄緑色がついていることがある。けれどそれは決して誰かがいたずらした跡ではない、何を隠そうそれが地衣類だ。公園や庭木にある梅の木をよく見ると、木の表面に、白っぽい薄緑色の小さな葉のような形で円形にくっついているのは「ウメノキゴケ」という地衣類で、「コケ」という名前を付けられているが決してコケではない。地衣類は一見してコケのような雰囲気をしているものが多いせいか、コケに間違われて「〜ゴケ」という和名をつけられていることがよくある。そんな、見た目がコケに似た地衣類は、菌類と緑藻、もしくは、菌類とシアノバクテリアが共生して体を作っているちょっと変わった生き物だ。菌類は藻類とシアノバクテリアに水分と安定した棲み家を提供し、藻類とシアノバクテリアは光合成で得た栄養を菌類に分け与える。こうやってお互いに助け合いながら暮らしているのだ。地衣類はとにかく成長が遅くて寿命が長い。前の氷河期から生きているものもいると言われている、といっても寿命の定義をなんとするかによってそれは違ってくるのだけれど。成長が遅い地衣類の中でも南極大陸にはとりわけ遅いものがいて、その地衣類はなんと1万年でたったの3㎝しか成長しないことが分かっている。

わたしたちの日常生活では体の大きな高等植物が生い茂り、なかなかコケ・藻類・シアノバクテリア・地衣類のような小さな植物たちに注目することは少ない。普段わたしたちの周りに広がる生態系は植物の上に、昆虫、鳥、小さな哺乳類、もっと大きな哺乳類などが存在する。

けれど、南極の陸上には、この花を咲かせない植物を食べる生き物がほとんどいない（ダニ、トビムシ、クマムシなどごくごく小さな動物がわずかにいるけれど）。つまり、コケ・藻類・シアノバクテリア・地衣類が生態系のトップに君臨するとても特殊な世界なのだ。

南極に自生する高等植物2種のうちの1種、イネ科のナンキョクコメススキ（学名：*Deschampsia antarctica*、英名：Antarctic hair grass）。大陸性南極では高等植物は生えていないが、海洋性南極では海岸近くにまるで芝生のように生い茂っている。背丈は5〜10㎝ほどで、日本はおろか、もし北極で生えていたとしてもあまり見向きはしないような風貌なのだが、南極に生えているとひときわ目立ち、驚きと感動が湧き出てくる。南限は南極半島のマーガレット湾（南緯68.5度付近）。

南極で2種しかいない高等植物のうちのもう1種、ナデシコ科のナンキョクミドリナデシコ（学名：*Colobanthus quitensis*、英名：Antarctic pearlwort）。円形で高さ2〜3㎝ほどに盛り上がったような群落をつくるクッションプラントだ。鮮やかな黄緑色をした葉の長さは5㎜、幅は3㎜にも満たない上に、一見するとコケのような外見をしているため、ナンキョクコメススキよりも見つけにくい。南限はナンキョクコメススキと同じく南極半島のマーガレット湾。

センボンゴケの1種（学名：*Pottia*属）。太陽の光を受けてまるでビロードのような群落をつくっている。

コケが混在。淡緑のツブツブがギンゴケ（学名：*Bryum argenteum*、英名：Silver moss）、黄緑のフサフサがオオハリガネゴケ（学名：*Bryum pseudotriquetrum*、英名：Long-leaved thread moss）。

ヤノウエノアカゴケ（学名：*Certodon purpureus*、英名：Fire moss）。昭和基地周辺では最も優占し、他のコケよりも乾燥に強い。薄い砂の下では緑色だが、強い日差しの下では褐色。

雪氷藻類の増殖によって雪が緑や赤に染まる。どちらも緑藻だが、赤雪の藻類（学名：*Chlamydomonas nivaris*、英名：なし）はアスタキサンチンという赤い色素を持っている。

海岸に海氷が発達しない海洋性南極の海岸沿いには大量の海藻がいる。赤いのは紅藻のアマノリの仲間（学名：*Pyropia endiviifolia*、英名：なし）。

ナンキョクカワノリ（学名：*Prasiola crispa*、英名：なし）。緑藻の仲間で、ユキドリやペンギンの営巣地の近くに繁茂する。青海苔のような匂いがする。

緑色がかったクリーム色をしたクロヒゲゴケの仲間（学名：*Usnea antarctica*、英名：なし）。南極半島で最も目立つ樹状の地衣類だ。

灰白色の地衣類、コフキシロムカデゴケ（学名：*Physcia caesia*、英名：Blu-gray rosette lichen）。鳥の営巣地の周辺の岩石・砂・コケの上などに放射状に広がる。

ユキドリの巣周辺の岩で暮らす地衣類、アカサビゴケ（学名：*Xanthoria elegans*、英名：Elegant sunburst lichen）。遠くからでも目立つので、海鳥の営巣地の目印にもなる。

キクラゲのような風貌のナンキョクイワタケ（学名：*Umbilicaria aprina*、英名：Tentacled rocktripe lichen）。南極大陸では比較的大型になって目立つ地衣類の一つ。

フサフサとした黒い髪の毛のような地衣類、クロヒゲゴケ（学名：*Usnea sphacelata*、英名：Zebra beard lichen）。ヒゲのような外見が名前の由来。

ナンキョクミズイボゴケ（学名：*Buellia frigida*、英名：なし）。岩に固着してまるでイボのように円形に広がる黒い地衣類だ。

海から離れた湖の畔で、静かに横たわるウェッデルアザラシの子どものミイラ。周辺に植物がまったく見当たらない岩石砂漠のような露岩域で、ミイラの周りを取り囲むようにコケや藻類やシアノバクテリアや地衣類が群落をつくっていた。ミイラの一部を年代分析すると、約2000年前という値が出てきた。約2000年前に絶命したアザラシは、長い時間をかけて少しずつバクテリアによって分解され、それを栄養にして植物たちが息づいたのだ。生命も物質もゆっくりとゆっくりと循環している。

生命の起源を探る 不思議な湖

赤茶けた南極の露岩域を歩いていると、信じられないほど透明な水をたたえた神秘的な湖に出会う。昭和基地周辺のような南極の沿岸にある湖は、一年のほとんどの期間を雪と氷で覆われている。けれど、夏の約1ヶ月間はその雪も氷も解けてなくなり、水面が顔をのぞかせる。

これまで見てきたように、南極の陸上生態系はとても乏しく、行ったことはないけれどまるでわたしは火星を歩いているのではないかという気分にさせられる。見渡す限りどこまでも、氷の縁まで岩石砂漠の風景が広がっている。

そんな「生き物砂漠」のような南極の露岩域には、たくさんの湖がある。あまり知られていないことかもしれないが、昭和基地の周辺だけでも100個以上もの湖がある。けれど普段、「南極の湖」という言葉を口に出そうものなら、「南極に湖？ どうせ真っ白な雪と氷に一年中覆われた湖でしょ？」と言われる。確かに昭和基地周辺の湖は、一年のほとんどを雪と氷に覆われているのだが、天候が良ければ数週間から1ヶ月ほどはその氷が解けてなくなり、湖の水面が顔を出す。

真冬になると気温は最低で－40℃まで低下し、湖にも分厚い氷が張る。と言っても、昭和基地周辺ならば湖の氷の厚さは最大でも2mほどにしかならない。つまり、真冬でさえ湖の表面にしか氷が張らないのだ。外気温が－40℃の下、厚さ2mの氷の下には0℃よりも温かい液体の状態で水が存在する。その水と外気温の差はなんと40℃！ 想像してみると、気温5℃くらいの東京の冬に40℃の露天風呂に入るよりも温度差があるというわけだから驚きである。

そんな昭和基地周辺の湖の中には、岩石と氷だらけの砂漠のような陸上とは全く違った世界が広がっている。目を疑うほどの豊かな植物群落から成る生態系が湖底一面を覆い尽くしているのだ。まるで森か草原、もしくははるか昔に朽ち果てた遺跡が苔むしたかのような神秘的な雰囲気が漂っている。この不思議な構造物は、多様な藻類・シアノバクテリアと2種類のコケといった光合成生物と、生態系の中の分解者であるバクテリアと菌類が多数共存しあって作られている。

この辺りの湖は数万年前に、最終氷期の終わりとともに氷河が後退して誕生した。氷河で削られ、そこに雪や氷の解け水が溜まって湖の歴史は始まった。当初

昭和基地周辺には数多くの湖が点在する。最終氷河期が終わった1～2万年前、氷床が後退して湖は氷の下から露出した。一年のほとんど湖を覆う氷も決して湖底まで張ることはなく、真冬でも氷の厚さはせいぜい1.5～2mまでにしかならない。一年中、液体の水があるのだ。

ここはどこだろう？ 尋ねられたとしても、ここがどこなのかまるで分からない光景が南極の湖底には広がっている。赤茶けた岩石の陸上風景とは全く違う、湖の中はまるで古代遺跡のような不思議な緑の森だ。このタケノコ状の植物群落は、昭和基地周辺にある最大水深10ｍの湖“長池”の底にニョキニョキと林立している。決して岩に藻類がはりついているわけではなく、内部まで植物（コケ・藻類・シアノバクテリア）とバクテリア・菌類でできているのだ。大きいものだと高さ約80cmにも成長する。湖によって形はさまざまだ。

南極大陸の内陸山岳地帯では毎日のように強い風が吹きつけ、なかなか止むことはない。周囲を氷床で覆われているので、そこで冷やされた重い空気が山の上から下りてくるのだ。雪とともに暴風が吹き荒れるとわずか1m先でさえ見えなくなってしまうこともある。

は無生物環境だったところに生き物が侵入し、徐々に増え、数万年経った現在では、豊かで多様な生物から成る生態系へと発達してきた。氷河の後退に沿って、湖は露出した年代順にだいたい並んでいる。つまり、近くにある湖同士ならば、互いに同一の時間をかけて、同一の気候条件の下で現在に至っていることになる。ところが、水中をのぞき見ると、湖ごとにそれぞれ独立した生態系が成り立っている。すぐ近くにあるにもかかわらず、ほとんどが川や集水域（湖の周りの雨や雪が流れ込む範囲）によってつながっておらず、湖それぞれ全く違った湖底の生態系になっているのだ。

宇宙の中に地球やその他の星がいくつも誕生して、地球には地球固有の生態系が出来上がっているように、南極の湖はまるで、その一つ一つが小宇宙や星のようなものだと捉えることができる。

さて、昭和基地よりもさらに内陸にあるアンターセー湖はどうなっているのだろう。南極大陸はそのほとんどの部分を分厚くて巨大な南極氷床で覆われているのだが、大陸の面積のうち2～3％ほどが露岩域になっている。この露岩域は大きく2つに分けられ、一つは昭和基地があるような氷床が後退して露出した大陸の沿岸部で、もう一つが“ヌナターク”と呼ばれる内陸部の大陸氷床から高く突き出た峰々だ。アンターセー湖はこのヌナタークに抱かれている。ヌナタークは沿岸部とは違って標高が高く、ただただ延々と続く青白い氷の風景の中に突如現れ、まるで氷の雲の上に浮かぶ島のように見える。生物は氷床地帯では基本的に生きていけないので、生物が息づいているのは露岩域だけ。沿岸部の露岩域と違い、ヌナタークは氷河期でさえ氷床に覆われることなく、陸地が小島のように取り残されていた。とにかく、大陸沿岸部よりもヌナタークの方がずっと古くから岩が露出してきた。つまり、はるか昔からヌナタークは周囲を氷床という物理的な障壁に囲まれ、極端に分断され隔離された環境にずっと置かれてきた。そうなると、移動能力の低い生き物は周囲に分散し拡大するのがとても難しく、その場にとどまって環境に適応し、独自に進化していく道を歩むことになる。しかも環境が特に過酷な南極大陸だからこそ、進化の淘汰圧はより強いものとなりうるだろう。地球上で最も隔離され、最も厳しい環境の一つ、それがヌナタークなのだ。

おかげで、アンターセー湖は一年中氷で覆われ、夏になっても氷がなくなることはない。真夏でも厚さ4mもの氷が表

(上) 内陸にあるアンターセー湖は一年中氷が解けてなくなることがない。真夏でも氷の厚さは約4ｍで、真冬には厚さ6～7ｍに発達する。最大水深は160ｍと南極の中では最も深い湖の一つだ。常に強風が吹き下ろす山のそばには、山の斜面から落ちた大きな岩が湖氷の上にゴロゴロと転がっている。
(左) 調査のため、湖氷にアイスドリルで直径25㎝の穴をあける。厚さ4ｍもある固い氷は穴をあけるだけで一仕事だ。
(右) 直径25㎝の穴を約150㎝四方の大きさにまで融かして広げ、ここから潜水調査をする。

面を覆っているのだ。ということは、はるか昔から今まで、アンターセー湖はずっとずっと氷に閉ざされてきたということを意味する。昭和基地周辺の湖は氷床で削られて出来上がった氷河湖なので、浅くて湖底の形状がのっぺりとしている。ほとんどの湖は最大水深が10mよりも浅い。ところがアンターセー湖は氷河で削れただけでなく、地殻の活動によって出来上がった湖（構造湖）なので、最大水深160m、とドーンと深くなっている。

さらに驚くことに、アンターセー湖の中は、昭和基地周辺の湖に広がる緑の森のような世界とは全く異なっている。湖底一面、紫がかったピンク色の世界が広がっているのだ。コケは全くいない、藻類さえもほぼいない。ほぼシアノバクテリアで出来上がっているのだ。しかも、不思議なドーム状の構造物が湖底一面に立ち並んでいる。まるで、約30億年前にシアノバクテリアが誕生して海の中にはびこっていた時代の原始地球の世界を垣間見るような光景だ。

このアンターセー湖の底に広がる不可思議なシアノバクテリアの生態系は、私たち国際調査チームが潜水して世界で初めて発見した。原始の地球どころか、まるで宇宙空間に生命が誕生した瞬間を見たかのような錯覚に陥る雰囲気だった。

それに比べ、南極の中で最も温暖湿潤な南極半島エリアにあるリビングストン島の湖の中には、昭和基地ともアンターセー湖とも完全にかけ離れた世界が広がっている。南極であるにもかかわらず、体長2㎝ほどもあるホウネンエビや、小さな動物プランクトンの一種であるカイアシ類が大群で湖底近くを泳ぎ回っているのだ。他にはユスリカさえも棲んでいる。こうしてみると、同じ南極とは言え、南極大陸はやはり広大である。エリアによって全くと言っていいほどに生態系の発達の度合いが違っているのだ。

「生物の進化」というと、ガラパゴス諸島のダーウィンフィンチが有名だろう。外から侵入してきたフィンチが、島それぞれの生態系に適応し、進化したことによって、それぞれ島特有のくちばしの形態になっている。南極の湖は無生物環境から始まり、極限環境だからこその強い淘汰圧を受けながら生き物が定着、時に進化し、湖それぞれに特有の生態系に変遷してきた。シアノバクテリアが支配する内陸の湖、藻類やコケも入り込んで多様な植物が共存し合う昭和基地周辺の湖、植物の捕食者である小さな動物が棲息する南極半島の湖。まるで、約30億年前の原始の地球から現在へと、生態系の時間旅行をしているかのようだ。

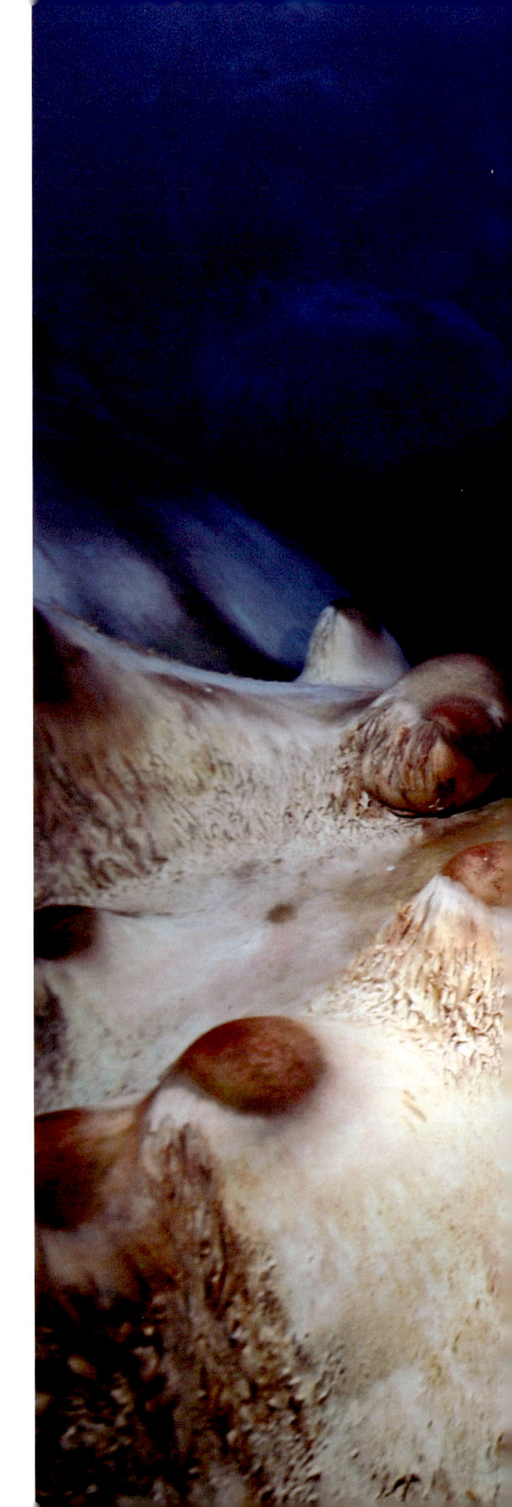

P103：アンターセー湖の湖底に広がる生態系。まるで宇宙空間で生命が誕生したのを垣間見たような光景だ。水中でライトを当てると紫がかったピンク色で、シアノバクテリアと分解者だけでできあがっている。コケはおらず、藻類もほぼいない。約30億年前の原始地球にはこんな世界が広がっていたのだろうか。（撮影：Dale T. Andersen）

P104：水中の自然光では深い青紫色に見える。不可思議なドーム型の構造物が水深8mから40mまで湖底一面に無数に立ち並んでいる。それより深い場所にはまだ誰も立ち入ったことがない。

厚さ4mの氷の下。氷の中には無数のストローのような穴があり、氷の下にはガスの塊がいくつもはりついている。湖底に棲息するシアノバクテリアが光合成をして発生した酸素や、他のバクテリアが活動をして発生したメタンガスだと考えられる。この生命の泡はどれほどの気が遠くなるような長い時間をかけて、生物活動によって溜まったのだろう。シアノバクテリアが誕生したことで、酸素で満たされていった時代の原始地球にタイムスリップしたかのようだ。

アンターセー湖の畔でキャンプを張る

昭和基地

昭和基地から約60km
野外観測小屋（きざはし浜小屋）

一日のスケジュールはざっとこんな感じ

7:00	起床
7:30	朝食
8:00	身支度・調査機材の準備
9:00	調査地へ移動
10:00-13:00	調査（途中で昼食）
14:00	ベース小屋 or キャンプ地に帰着
14:30	調査機材の後片付け
15:00-19:00	採集した試料の処理や測定（途中に夕食支度を挟みながら）
19:30-21:00	夕食（途中20:00に昭和基地と無線交信）
21:30-	データの整理、翌日の調査準備、歯磨き、日記、etc
0:30	就寝

暮らし

日本の南極観測隊に参加すると聞けば、「昭和基地で暮らす」ことを想像するだろう。確かにほとんどの観測隊員は昭和基地で暮らすことになる。ところが数は少ないが、夏限定でそうでない隊員たちもいる。平均して毎年だいたい2チーム（全部で3～10名）くらいは昭和基地から離れ、野外調査地を拠点に活動している。どんな人たちが野外生活をするのかというと「生物」「地質・地形」「雪氷学」などの研究者がそれに当たる。

私のような生き物の研究チームは、小屋に寝泊まりすることもあれば、小屋のない調査地ではテント生活になる。そしてそこをベースに、ほぼ毎日、周辺の湖やコケ群落があるようなところに調査に出かける。

夏の間は白夜で外は明るいので、やろうと思えば夜中ずっと作業できてしまう。けれど、約2ヶ月間の野外生活。なかなかの長丁場なので、ちゃんと時間を管理して生活しないと、体調を崩したり、集中力散漫になったりして怪我の元にもなりかねない。メリハリのある生活が大事だ。

南極大陸の静けさと厳しさの下、まぶしすぎる青い空を見上げ、湖面から透明な水の中を覗き込み、たった数名で「起きる→ご飯を食べる→調査をする→ご飯を作る→食べる→空や岩や風と語らう→寝る」というサイクルを来る日も来る日も繰り返す。日本での生活からは信じられないくらいとてもシンプルな暮らしだ。そんな野外生活中、例えば1ヶ月ぶりにヘリコプターの音がして外界の人たちがやって来ることがある。すると、なぜだか分からないけれど、やたらとその人たちに向かって手をブンブンと大きく降り、接近したならすぐにガッチリ握手を交わしてしまうという現象がよく見られる。挙げ句の果てには、古くからの戦友のようにガッチリと抱き合うこともある。でも、あとになってふと思う「あれ？この人とそんなに仲良かったっけ……？」と。もちろん、気の知れた馴染みの仲間が来ることもたまにはあるけれど。

もはや日本に帰ると、その時の気持ちが自分でも全く理解しがたいものとなる。南極の大地と野外生活が、こんな不思議な心境をもたらすことはあまり知られていないだろう。

きざはし浜小屋での食事

きざはし浜小屋の台所（水道や排水はない）

野外調査中のランチセット

アンダーセー湖調査時のフリーズドライ食品

アンダーセー湖での食堂テント内

食事

砕氷船“しらせ”で南極に行くと、野外にはかなり豊富な食材を持ち込める。牛肉15kg、キャベツ10玉、米60kgなど全部で100品目以上……とにかく普段目にすることのない単位の食材が野外調査用に配られる。過去、生クリームを絞るようなパック入りの1kgの納豆、という衝撃的なものが5袋配られた。けれど、ここ数年で家庭的なサイズに改善されたらしく、これからの私の人生では、あんな納豆パックにはもう出会えないだろう。

野外調査中は料理人などいるわけもなく、自分たちで毎日の食事を作る。メンバーによって調査中の食事のレベルは違うが、すき焼き、刺身、煮物、麻婆豆腐、エビチリ、パスタ、ポトフ、カレー、鍋、などとにかくメニューはさまざま。食材はとにかく肉が多いので、調査をしながらの限られた時間で簡単にできる鍋や焼き肉が増えたりする。すると、調査後半になると焼き肉もすき焼きも飽きた、という日本では考えられないような気分になり、遠く離れた昭和基地を想って、プロの料理人による食事に憧れを抱いたりもする。とは言え、実はほとんど不満はない。南極の野外とは思えないような食材で、自分たちで好きに料理できるおかげだろう。

飛行機で調査に出かけるときは同じようにはいかない。船と違って、物資にかなりの重量制限があるからだ。私が2014年に参加した5ヶ国調査隊では飛行機でロシア基地に入り、基地から約130km内陸の調査地までスノーモービル3台と雪上車1台で移動した。とにかく全ての物資を軽量化しなければならない。そこで、とにかく軽い「フリーズドライ食品」が活躍することになる。日本隊の一部も、本隊から離れて飛行機とスノーモービルで内陸をキャンプしながら調査することがあるが、やはりフリーズドライを使っていた。しかも日本人用のメニューを取り揃えて。が、外国隊はかなり事情が違う。用意されたのはすべてアメリカ製で、残念ながらあまり美味しいと言えなかった。最初の数日はまだよかったが、2週間後には体が受けつけなくなった。

文明圏に戻った時に一番感動する食べ物は、レタスやトマトなどの生鮮野菜。素材の美味しさに勝るものはない、と思い知らされる。

Column 3

彩雲と地球影

日本でよく見るようなモクモクの入道雲（積乱雲）が南極で出ることはない。南極では地面が暖かくならないので、積乱雲が発生するような激しい上昇気流が生まれることがないからだ。南極でよく見かけるのは、うね雲（層積雲）やひつじ雲（高積雲）やいわし雲（巻積雲）。高い空に浮かぶ雲を見ていると、太陽近くの雲が虹色に色づいていることがある。“彩雲”と呼ばれる現象で、雲を作っている水滴や氷の結晶によって太陽の光が屈折して、色が分かれて見える。日本であまり見かけないけれど、空気の澄んだ南極では日常茶飯事に見られる雲だ。南極の内陸山岳地帯ではいつも山の上から強風が吹き、雲が急スピードで動き、刻一刻と形を変える。太陽のそばにある薄い雲は鮮やかな彩雲になって、目まぐるしく色を変えながら動き、消えてはまた生まれ、そしてまた消えていくのだった。

太陽が沈み空は夕焼け色に染まる……誰もが知っている光景だ。けれど、日本と南極とでは夕焼け色が違う。空中の塵が多いと赤が強くなるので日本の夕焼けは赤い橙色だが、南極では塵が極端に少ないおかげで赤みの少ない紫ピンクになる。日没後、太陽と逆側の地平線の空は帯状に青くなる。この青い帯の正体は“地球影”と呼ばれ、地平線の下にある太陽の光が地球で遮られて影ができるのだ。

地球影は日本でも快晴の澄んだ日、地平線が見えるような場所で見られるが、地球上で一番空気が澄んでいる南極ではより幻想的にくっきりと浮かび上がる。

北極への旅路

調査編

スヴァールバル諸島へ行くには、まずノルウェーのオスロに入る必要がある。日本からオスロへの直行便はないので、コペンハーゲン、ヘルシンキ、ロンドン、パリなどを経由して行く。その後、オスロからはノルウェー北端部の町・トロムソを経由する飛行機、もしくは直行便でスヴァールバル諸島のロングイヤービンという町に入ることができる。トロムソから直行便ならば3時間弱、経由便ならば4時間強かかる。とは言え、ここまでスムーズに行けば、日本からたったの丸1日程度で到着してしまう。乗り継ぎが悪いか、時間帯によってはオスロに一泊する場合もあるけれど。そんなわけでロングイヤービンまでは、民間の定期路線フライトで移動できるので、行こうと思えば誰だってすんなり行けるのだ。しかし、国際観測村であるニーオルスンには基本的に研究者もしくは村の管理会社スタッフしか滞在することができない。そのため、ロングイヤービンからは定員15人程度の小型飛行機をチャーターしてニーオルスンへ移動しなければならない。

旅行編

ほとんどの陸地には、日本のパスポートさえあればさほど難しいこともなく行くことができる。なぜなら北極の陸地ならばどこでも、必ずどこかの国の一部だからだ。カナダ、アラスカ、ロシア、グリーンランド、スウェーデン、フィンランド、ノルウェー、と言ったふうに北極圏といえども人が暮らしている村や町がそれぞれにある。スヴァールバル諸島のロングイヤービンももともと人は暮らしていなかったが、100年くらい前に炭鉱を求めて人が住み始めた町で、今では2000人以上の人口になっている。もし旅行で北極に行くなら、ロングイヤービンでとどまっているのはもったいない。ロングイヤービンを起点にしていくつかのクルーズ船が運行されており、1週間〜10日間かけてスヴァールバル諸島を1周もしくは半周する。そんなクルージングツアーに参加すれば、青白い氷が浮く北極海を航行しながら、さまざまな海鳥やアザラシ、セイウチ、イッカク、シロイルカ、ホッキョクグマに出会えるだろう。さらにたまには船から降りて上陸し、お花畑の広がるフカフカのツンドラの大地を歩き回ることができる、というとても魅惑的な内容だ。

南極への旅路

昭和基地編

日本南極地域観測隊が昭和基地に向かうとき、観測隊員は11月下旬にまず日本からオーストラリアのパースに飛行機で入る。パースからはバスで南に1時間くらい走り、フリーマントルという港町に移動する。フリーマントルの港に到着すると、丸みを帯びたオレンジ色の船がすぐに目に入る。これが南極観測船「しらせ」だ。しらせは海上自衛隊が運航していて、観測隊員が日本を出発する2週間ほど前に、東京の晴海港から出航してフリーマントルに先回りするのだ。フリーマントルでしらせに乗り込み、11月末か12月頭にしらせが南極に向けて出航する。海洋観測をしながら、東経110度ラインを真っ直ぐ南下する。南緯60度に達すると、今度は一路西に向かって進み、東経39度辺りから昭和基地に向かって南下し始める。ポツリポツリと海氷が浮き始め、徐々に氷の密度が高くなってゆく。砕氷船であるしらせは氷を割りながら進むが、しまいには海は一面びっしりと氷と雪で覆われる。一年中解けることのない定着氷エリアに入ると、しらせはスムーズに氷を割り進めなくなる。一度船は後ろへ下り、下がった位置から改めて全力で氷に向かって体当たりする。「ラミング」と呼ばれる進み方だ。チョロQのような動きを、何度も何度も繰り返しながら氷の中を進んでいくのだ。氷と雪がとても分厚い場所では、船の進む速度は時速100mになってしまうこともある。こんな時はしらせの横をペンギンが悠々と追い越してゆく。日本を出発してから約1ヶ月後の12月下旬、昭和基地沖合の定着氷でしらせは一旦停泊し、船からヘリコプターに乗って、昭和基地もしくは調査地入りする。

旅行編

ツアーに参加すれば、誰でも南極に行くことができる。ツアーにもいくつかのパターンがあって、基本的には南極まで船で行くか飛行機で行くかのどちらかに分かれる。一番メジャーなのは、アルゼンチンの南端の町・ウシュアイアか、チリの南端の町・プンタアレナスから船に乗って大荒れのドレーク海峡を越え、南極半島エリアを1～2週間かけてクルージングするツアーだ。船からは美しい氷山や氷河、亜南極や南極半島でしか見られないさまざまな動物たちを観察することができるだろう。ジェンツーペンギン、ヒゲペンギン、マカロニペンギン、キングペンギンなどのペンギンはもちろん、ミナミゾウアザラシやナンキョクオットセイ、ナンキョクアジサシなどの動物にも出会えるはずだ。島や半島に上陸すれば、ペンギンの営巣地、海岸でゴロゴロしているアザラシ、ここにしか自生していないナンキョクコメススキやナンキョクミドリナデシコと言った高等植物も見ることができる。時間はないけれどお金はあるという人は、プンタアレナスから飛行機で南極半島エリアの交通の中心キングジョージ島に入ることができる。飛行時間はたったの2時間。

大陸性南極でツアーが組まれているのは、ロシアのノボラザレフスカヤ基地やアメリカのマクマード基地だ。ノボラザレフスカヤ基地には、ケープタウンから飛行機が飛んでいて、研究者だけでなく一般の観光客も乗ることができる。飛行時間はケープタウンから6時間ほどだ。マクマード基地には、アメリカが運行している飛行機がニュージーランドのクライストチャーチから飛んでいる。どちらも基地を起点にして、さまざまなツアーが組まれており、基地周辺だけでなく、そこから大陸氷床上へ出かけたり、飛行機で南極点に降り立つというものまである。これらは南極半島クルージングツアーに比べると、もちろんかなり高額になる。

北極のルール　その1

ライフルを持ち歩く

　北極の陸上で野外調査をするとき、もしくは野外を歩き回るときに一番怖いもの。それは、ホッキョクグマだ。彼らは最高時速40～50㎞というスピードで走ることができる。もし逃げ足の速さに自信があったとして、人間が100ｍを10秒で走っても時速36㎞。しかも、そんな速さで走り続けることは不可能だろう。つまり、もしホッキョクグマに追いかけられたら、確実に捕まってしまうということだ……。そこで、野外で行動するときは、常にホッキョクグマの脅威にさらされているという意識を忘れずに、周囲に注意をしつつ、万が一に備えてライフルを持ち歩かなければならない。自分の命は自分で守るのだ。

北極のルール　その2

先住民の理解を得る

　北極は人間社会から完全に離れたところにあると思いがちだけれど、実はそうではない。古くからずっと先住民の人たちが暮らしを営んできた場所でもある。そのため、北極でさまざまな調査をするときに、勝手にズカズカと入って行くということがあってはならない。誰だって、自分の住んでいる場所に知らない人たちがやってきて急に土を掘り始めたり、植物を採集したり、機械を設置したり、なんてことがあったらすごく嫌だろう。まずは、どういう研究をするのか、それがどんな意義があるのかを彼らに説明して、しっかりと理解を得た上で初めて、現地での調査をすることができるのだ。

南極のルール　その2

動物には近づかない・触らない

南極には固有の動物がたくさん暮らしている。ペンギンやアザラシが代表的な動物だろう。けれど、いくらペンギンやアザラシがかわいいからといって、むやみに近づいてはならないし、触ったり餌をあげたりしてはいけない。私たち人間は南極ではあくまでもただの侵入者。彼ら野生動物を驚かせたり生活を乱したりしないよう、ペンギンには5m、アザラシには15m以内に近づくことは禁止されている。同じように、彼らの生存を脅かさないよう、犬や猫やその他の動物を南極に持ち込むことも禁じられている。とにかく南極に元々いなかった生き物を持ち込んではいけない。南極のイメージにもなっている“犬ぞり”が走る風景は、もう半世紀以上も前のことなのだ。

南極のルール　その1

ゴミや排泄物を残さない

南極大陸には原生の地球の姿が残っている。その貴重な自然環境を保護し残していくために、人間が立ち入った影響をなるべく小さくしなければならない。ゴミを捨てたりすることはもちろん、小便や大便を陸地ですることは禁止されている。南極で出たゴミはどんな物であってもすべて持ち帰らなければならない。海から離れた場所での野外調査ではポリ瓶やポリ袋を必ず持ち歩き、テントの中にも常にポリ瓶を傍らに置いて、それぞれに大小便を収納できるようにする。野外から基地に持ち帰った後、小便は浄化槽でしっかりと浄化処理してから海へ流し、大便は屋内で焼却した後に出た灰をゴミとして日本に持ち帰るのだ。

おわりに

北極と南極。そこに降り立ってみれば、生き物の“いのち”が凝縮されて煌めいていた。いつだって、季節の流れ、地球の時間、生命の起源や歴史を力強く語りかけてきた。わたしの中でそれはすべて、生きとし生けるもののかけがえのなさ、地球に眠る不思議の果てしなさ、探求することや生きることの面白さへと変わっていった。

今年の北極調査行ももう10日後に迫っている。

日本の夏が来れば北極へ、冬が近づけば南極へ。まるでキョクアジサシのように地球を行ったり来たりする生活がしばらく続いている。この本の完成を見ずにわたしは北極へ旅立ち、真夏の東京に帰って来たときには手に取れる形になって本屋に並んでいるのだから不思議な気分だ。

暑さ真っ盛りの時期にページをめくってみれば、体感温度が5℃くらいは下がると思う。何よりも、日常とかけ離れた世界がこの地球上に確実に存在することを、そして生命の息吹で溢れていることを知ってもらえたら本当に嬉しい。北極と南極から聞こえる生き物の息づかいとともに、わたしたち人間は一つの惑星としての地球に生きているのだということを感じ、極地へ旅に出かけた気分になってもらえたらこの上なく嬉しい。そうすれば、道端に生えている草や花も、木についている地衣類も、いつもの空も、いつもの風も、ただ空気を吸い込むことも、いつもの世界がこれまでとは違って見えるかもしれない。

はるか遠い北極と南極の自然にも、わたしたちが生きているのと同じ地球上でまさに今このとき、同じ時間が流れていること。目に見えて何の役に立つものでもないけれど、それが心のどこか片隅にあるだけで心と人生も少し豊かになるだろう。

2013年の年末、当時早稲田大学にあった私の研究室に、植物好きの文一総合出版編集部の境野圭吾さんが訪ねてきた。特に寒冷地の植物が好きだという。そして、この本の制作が始まった。それから完成まで二人三脚で取り組んできた境野さん無しには、この本が世に出ることはなかった。また、本のところどころに、色鉛筆で素敵なイラストを描いていただいたイラストレーターの秋草愛さんに心から感謝したい。おかげで、まるで息が吹き込まれたように本当に生き生きとした本になった。

この本に収録された写真は、2007～2015年にかけて野外調査で訪れた5回の南極と3回の北極で撮影したものだ。ページの都合上、研究によってわかってきた面白いことや載せたい生き物をすべて紹介することはできなかったけれど、とにかく北極と南極で出会う生き物たちはもっともっとたくさんいて、面白いこともまったくもってこんなものだけではない。それはまた、いつかどこかで、違う形で伝えていけたらと思う。

2015年7月　国立極地研究所にて

氷に閉ざされた南極の湖に蓄積した“生命のはじまりの泡”
悠久の時を経て、湖の外へと飛び出していった
長い長い地球の時間、そして、果てしない生命の旅———

北極と南極
生まれたての地球に息づく生命たち

2015年8月20日　第1刷発行

著　　者：田邊 優貴子
イラスト：秋草 愛
デザイン：安食正之（北路社）

発行者：斉藤博

発行所：株式会社 文一総合出版
〒162-0812
東京都新宿区西五軒町2-5　川上ビル
03-3235-7341（営業）　03-3235-7342（編集）
FAX：03-3269-1402
http://www.bun-ichi.co.jp/
振替：00120-5-42149

印刷：奥村印刷株式会社

ISBN978-4-8299-7209-0　Printed in Japan

定価はカバーに表示してあります。
乱丁・落丁本はお取り替えいたします。